SEX SUBSTANSER
SOM FÖRÄNDRAR DITT LIV

你的人生，他們六個說了算！
決定你一生的六種物質

大衛・JP・菲利浦斯 ———— 著　劉維人、盧靜 ———— 譯
DAVID JP PHILLIPS

引言 005

PART 1

老闆，一杯天使特調！

|多巴胺| 動力與愉悅 022

|催產素| 連結與人性光輝 060

|血清素| 社會地位、滿足感、保持好心情 098

|皮質醇| 專注、興奮、或恐慌？ 128

|腦內啡| 歡喜極樂 168

PART 2
決定你的未來

罩固酮	183
自信與勝利	199
天使特調的基底	235
魔鬼特調	
新生活	252
致謝	254
自助資源	255

引言

有時候，你許的願望會實現，只是方式跟你想的不一樣！

故事是這樣開始的：十一月某個陰暗的秋天，我跟妻子瑪麗亞出去散步，走到橋上的時候，突然出現某種這輩子從來沒有過的感覺。我愣在那裡，完全被嚇到了。瑪麗亞看著我，像是平常一樣歪過頭來問我：「老公，怎麼啦？」我努力試圖向她描述我的感覺。她聽完，小小聲地笑了出來，跟我說：「聽起來你好像很快樂耶！」五分鐘後，那種感覺就消失了，我又回到平常那種渾渾噩噩的空虛狀態。不過，其實故事要從更早說起。

幾個月前，我去哥德堡演講。那次的演講主題是溝通，過程中發生了一件超丟臉的事。演講到一半，進入中場休息，我一個人坐在電腦前，什麼都不做。我們這類演講者經常這樣，休息時間故意待在原地，希望有些人走過

來拍拍我的肩膀，稱讚我一下。這樣下半場演講會比較有精神。

果然，我眼角瞄到一個女人走過來。

但從她躊躇不前的步伐，以及小心翼翼靠近的樣子，我就知道她絕對不是要來稱讚我的。她跟我說：「抱歉我想說一下，你剛剛舉的所有例子，都只提到我們的競爭對手，完全沒有提到我們。」我聽了差點想挖個地洞鑽下去……我是專業演講者耶，每句話都字斟句酌才說出口。怎麼會這樣？

而且這種事情不是第一次發生。

我在回家的火車上心想：「我的職涯完蛋了！我連自己在講什麼都不知道，要怎麼繼續當講者？」這件事讓我完全崩潰，我決定去看家庭醫生。

我也不是第一次去找醫生。我一進門醫生就嚴厲地說：「大衛，我上次是怎麼講的？兩年前你第一次來，說自己的臉會抽搐。去年你又來，說你胃痛、心臟不舒服。現在你又來了，說你壓力太大，神經出問題。你到底要我怎麼說，你才聽得進去？如果你不立刻改變生活方式，你的病以後會越來

你的人生，他們六個說了算！　　　006

越嚴重,越來越治不好。我認為照目前看來,你至少得花三年才能恢復到正常的狀態,而且時間完全沒辦法縮短。不要妄想!」

我拖著曾經天不怕地不怕的身體,眼淚直流地逃離診間,回家躺在床上。接下來兩個月,我完全下不了床。我的憂鬱症大爆發,覺得自己不斷往下墜落。二○一六年的整個夏天,我每天都在哭。每一天都比前一天更沒有意義。我對所有事都提不起勁。記得每天晚上都希望隔天早上不要醒來,可以永遠睡下去。很多人都很關心我,想幫助我,但是都沒有用。

一直到夏天快結束的時候,事情才出現轉機。妻子瑪麗亞跟我說的話改變了我的人生,讓我整理了自己的壓力環境,之後也成為我開發自我領導課程,以及寫這本書的最重要概念工具。

現在,我想回到這本書的第一句話:「有時候啊,你許的願望會實現,只是方式跟你想的不一樣!」

我是一個國際級的演講家、教練、教育家。到目前為止,我都一直根據我的專業:神經科學、生物學、心理學,研究溝通的技巧。我跟團隊花了七

年時間，研究了五千名演講者、主持人和協調人，找出我們在溝通時會使用的一百一十種不同技巧。我還花了兩年時間寫了一本書：《一百一十個溝通和公開演講的技巧》，講述敘事的方式，書中的內容成為了我至今觀看次數最多的 TEDx 演講。在那個演講中，我故意透過不同的故事，讓觀眾產生四種神經傳導物質和激素。

我講這些不是要炫耀我的經歷，而是要強調，即使我有這麼多工具、技巧和方法，我還是只能滿足客戶百分之七十的需求。

要怎麼樣才能補足剩下的百分之三十？我已經盡力了！這讓我非常沮喪。將近十年來，我一直到處尋找某種鑰匙，讓我的聽眾與客戶能夠真正發揮潛力。但我一直都在原地打轉。

直到我在最意想不到的地方找到了那把鑰匙。它既沒有藏在某本書裡，也不是藏在某些專家的領域，而是在我自己的心中。

這不是說我自己一直都擁有那把鑰匙，也不是說我從一開始就知道答案，只是沒有注意到。以我的例子來說，我必須經歷十多年的絕望、反覆出現自

殺念頭、花一整個夏天在完全的黑暗中哭泣，然後在橋上突然體會到五分鐘的快樂，這把鑰匙才會像亞瑟王的王者之劍一樣，從水中升起。我甚至事先完全不知道鑰匙就在那裡。

所以我們再說回到那座橋，說回那五分鐘的快樂時光。

我在橋上的時候，突然覺得自己像是第一次看到顏色，或是第一次聞到味道。你應該可以想像，當那種感覺消失後，我會多麼渴望再次體驗。

它在我心中點燃了一道火花，或者更確切地說，它引發了一場火山爆發，引發了我所有精力。那天散步回家後，我立刻衝到辦公室，把最近做過的所有事情都寫下來，想找出是什麼原因造成那種快樂的感覺。我拿出了可以解決世界上任何問題的工具：Excel，把我做過的事情、每件事情做了多少、什麼時候做的，全部都記錄下來。

不出所料，那道火花引發了我充滿能量的狂躁一面，我幾乎五天沒睡覺。在那段時間裡，我閱讀了相關主題的無數研究報告和書籍，在白板上寫下大量筆記，在 Excel 中整理詳細的日期。即使好不容易睡著，我也不到一個小時

就醒來，繼續瘋狂地研究。

五天後，我找到了一個解方：我的「人生2.0」秘訣。

我拿著這個秘訣，在接下來的幾個月裡不斷練習，大約一個月後，我終於再次體驗到十分鐘的快樂，然後快樂的時間逐漸變長，從二十分鐘變成四十分鐘、六十分鐘。

接下來，幾分鐘變成了幾小時，幾小時變成了幾天。隔年的一月，也就是我在橋上頓悟大約六個月後，快樂的時間已經變得跟黑暗的時間一樣多。那一年是我人生中最棒的一年。那種感覺就像是被賦予了進入魔法仙境的鑰匙，每一件事情都帶來無盡興奮與喜悅的淚水。

接下來我開始把自己使用的技巧，傳授給我的客戶，並且發現我終於在完全清醒的狀態下，找到了這輩子一直在尋找的東西。我指導的客戶進步更快，而且充分發揮了身為領導者、教師、醫生、演講者、銷售人員的潛力。而且更棒的是，他們在生活中也變得更為獨立、更為善良。他們成為了真正的自己，我找到的方法幫助了他們！

因此，我想把這些方法，這些鑰匙，寫在書中給你。

你將會讀到我的經驗，我從全球無數接受自我領導指導和培訓的人身上學到的教訓，以及我在這段過程中引用的研究結果。

親愛的讀者，我向你保證，如果你使用這本書中最重要的技巧和工具，並且花時間每天練習，那麼在六個月內，你將會體驗到一個你很久沒有接觸過的，甚至從未接觸過的自己和世界。

在接下來的篇幅中，我會多次提到自我領導的概念，而這本書的本質就是：學習領導你自己，學習在你需要或想要的時候，選擇你自己的情緒和狀態。

舉例來說，如果你即將參加一個需要果斷決策的會議，那麼會議的成敗，很可能取決於你能帶來多少信心。以本書提到的六種物質而言，這意味著結果取決於你要在參加會議之前，提高還是降低你的睪固酮和多巴胺水平。

你可能會問，自我領導與一般的領導有什麼關係？

自我領導就是那些氣場強烈的領導者，不自覺掌握的秘訣。這些人之所以總是能夠讓人印象深刻，就是因為他們可以在所有情況下，為你、為他人、

011　　引言

為他們自己，展現最好的自己。

擁有這種自我認知和自我領導的人，幾乎都會自然而然成為群體中的領導者。別人追隨他們，是因為別人希望追隨，而不是因為必須追隨。

相反地，那些缺乏自我領導能力的人，情緒總是起伏不定。這些人通常會帶給別人大量焦慮，別人追隨他們不是因為想要追隨，只是因為被迫追隨。

掌握自我領導能力。成為前面那種人。

PART 1

老闆，一杯天使特調！

你走進吧檯，坐上了凳子。從它破舊的皮革，就知道有多少人曾坐在上面借酒澆愁，又有多少人曾在上面舉杯慶祝。剛剛落喉的那杯，味道與其他酒吧沒什麼不同，一點陳腐。但你靠在檯子上的姿勢，不久便引起了調酒師的注意。「老闆，來杯**天使特調**！」調酒師抬起頭，好奇地看著你。

「喔，要來點刺激的嗎？好啊，要加什麼料？」你知道自己最近缺乏動力，需要一點好心情。「多巴胺跟血清素，謝謝。」幾分鐘後你的酒來了，那是一只美麗絕倫的馬丁尼杯，隆重地放在一個金色的托盤上。杯緣的牙籤沒有插著想像中的綠橄欖，而是一片新鮮的鳳梨。調酒師放下盤子，「希望你喜歡！」

有沒有一個這樣的酒吧，能夠讓我們輕鬆地轉換心情？有沒有一種方法，能讓我們在低潮的時候走出家門，來到對街，向調酒師說出自己想要什麼情緒，然後付完錢，仰頭一飲而盡，回家享受一個全新的自己？事實上，轉換心情不但可以，甚至比上面更簡單！每個人的腦內都有一個化工廠，能夠生產六種物質，組合出我們想要的感覺，而且一毛錢也不收。設備早就造好，

你的人生，他們六個說了算！　　　　　　　　014

只是方法我們都不知道。所以我寫了這本書，讓每個人都成為自己的調酒師，隨時隨地決定自己的感受。想要活力滿滿？來點多巴胺和正腎上腺素！想要全心投入？來點催產素吧！想要放鬆的時候，就多添一點血清素！要嗨一波？找一點腦內啡！想要充滿自信，就加一點睪固酮！

可惜的是，社會上大部分的人卻一直在做相反的事，他們沒有製造**天使特調**，卻不斷喝下**惡魔特調**，長期處於劇烈的壓力之下，逐漸步入焦慮、失望，不斷反芻過去的舊傷。他們的生活宛如一片永無止盡的灰影，漂浮在超現實的泡沫中，漫無目的地活著，過著千篇一律的日子，找不到任何喜悅。

如果「惡魔特調」喝得太久，甚至會逐漸變得煩躁、焦慮、長期憂鬱。也許你會問，為什麼人們會陷入這樣的處境。我認為主要的原因有三個（當然，其他的次要原因還有很多）：

主因一、所需的知識不足。情緒管理應該是生命中最重要的課程，但我們的學校似乎從來不教。我們不知道自己有哪些情緒、目前處於哪些情緒、

PART 1 | 老闆，一杯天使特調！

情緒如何影響我們，以及最重要的，我們如何掌控情緒。這些知識比學校教的所有科目都重要很多，畢竟我們的一舉一動都受到情緒影響。

主因二、社會不重視。我們的社會用金錢來衡量一切，逼人們永無止盡地賺錢，忘記了內心的滿足。

主因三、被壞環境汙染。如果你身邊的親朋好友每天都充滿負能量、壓力爆棚、埋怨不斷、一直與別人比較、尋找永無止盡的刺激與成功，幾乎不會停下來照顧自己，你遲早也會變得跟他們一樣。這一點都不奇怪，因為負面情緒很像二手菸。

如果你要走出陰霾，各種關於情緒的知識，以及背後的生物學與神經科學原理，當然都是很重要的。但即使你目前心情不錯，甚至很嗨，本書中的知識依然能夠提供許多大開眼界的有用觀點，能夠讓你了解如何好好做自己、帶領團隊、與人合作、與父母朋友交流。每次我開課的時候，都至少會有一位學員表示「天啊，原來我們可以了解情緒、掌握情緒！為什麼這麼重要的

你的人生，他們六個說了算！　　　　　　　　　　016

知識，我活了大半輩子都不知道？」某一堂課甚至有人說，「這就像生平第一次看到彩色電視！」說上面兩句話的人，說話時都涕淚縱橫。而且為人父母的學員，回應更是讓我心中澎湃。最近有個叫做喬金的爸爸，說他六歲的孩子西奧多很容易生氣，一生氣就很難平復。喬金耐著性子向孩子解釋：我們的情緒來自於我們的想法，當我們改變想法，憤怒就會慢慢消逝。然後他問西奧多，要不要一起練習思考不同的事情，西奧多認真地看著他，點了點頭。幾分鐘後，西奧多露出了最陽光的笑容，「爸爸，有用，有用耶！我現在好高興啊！」我們在生活中遇到的負面情緒，很多都能像西奧多那樣轉念排解。如果我們和孩子都知道，情緒只是念頭轉瞬即逝的產物，並且知道如何擺脫情緒的掌控，我們就能做回我們自己，這個世界也將完全不同。

我們的想法會大幅影響情緒。情緒主要是由各種「神經調節物質」（neuromodulators）微調特定神經元的結果，調節物質不同，情緒就不一樣。我們體內大概有五十種激素（hormones）和大約一百種神經傳遞物質（neurotransmitters），坊間已經有

許多書籍與文章專門討論。這些生化物質的作用機制，比最新上市的謀殺推理小說還刺激有趣，我非常建議你去找來看看。但本書並不是學術讀物，而是一本科普書，我不會花大量時間整理目前人類發表的相關科學論文，而會以簡明易懂的方式，讓你了解體內的化學反應如何影響你，你又能如何掌控它。那些花費大量篇幅，詳細解釋複雜運作原理的作品，很難提起初學者的興趣，甚至可能使人望而生畏。情緒這個主題就是這樣，許多研究都像天書一樣難懂。但我在開設課堂之後發現，這些研究背後的知識，可以明顯改成千上萬人的生命。所以我想寫一本簡單易懂的書，讓所有人都能得到幫助。

我希望自己能用簡單的方式，把「情緒」這個生命中最重要的問題好好講清楚。如果你讀完之後產生興趣，想進一步了解書中的相關內容，我在書末列出一大堆衍伸閱讀和參考資料，相當豐富。

讀到這裡一定有人會問，既然我們的情緒涉及上百種化學物質，為什麼我特別挑出六種？因為我覺得這本書要對大家有用，內容要符合以下條件：

第一、本書討論的化學物質，必須有立即可見的影響。

第二、本書討論的化學物質，必須能夠隨我們的意志自主製造。

第三、自主製造這些化學物質的方法，必須夠簡單、夠實用。

經過上述標準的篩選，大約一百五十種相關物質，就被篩到只剩六種。其他物質，要嘛我們無法以簡單實用的方法自主製造，要嘛不會立刻產生顯著的影響。動情素（oestrogen）與黃體素（progesterone）都是典型的例子，它們對所有人都很重要，但很難用簡單的方法觸發效果。

此外，為了使本書易於使用，我也只列出這六種物質對心理最明顯的影響。我們在做每件事的時候，幾乎都會在這六種物質中，至少釋放兩種；但各種物質的產量並不相同，對精神的效果也不一樣。舉例來說，我們在渴望親密連結，去重要的親友身旁彼此擁抱時，我們的體內會釋放催產素與多巴胺。但我們想要的親密感，主要還是來自催產素。

最後，在正式開始之前，我想解釋一下本書最重要的章節，為什麼很可

能是篇幅最短的第二部分。本書的第一部分將簡介我們的生理特徵，以及如何用書中列出的六種物質，隨時隨地給自己來一杯天使特調。但天使特調的效果無法持久。你可以用天使特調來改善你的開會、約會、上台演講、日常生活；但這些物質的效果只有幾小時，運氣好最多持續一兩天。所以我們需要進入第二部分。本書的第二部分篇幅較少，但將重點放在長期影響。我將解釋如何利用重複練習來調整自己的神經連結，製造永久性的天使特調。一旦連結成功，效果就不會消失。你可以同時學習長期與短期的技巧，徹底改變自己的生活，以從未想像過的方式成長，發展自己的個性。除此之外，我還會教你如何幫別人調製天使特調，這可以提升你的領導力，並讓你與重要的親友建立緊密關係。

當然，這本書並不想把你嚇跑。我不會叫你時時刻刻冥想觀照、一天到晚健身、只能吃健康食物、用力生產腦內啡、洗冷水澡、在錢包裡放孩子的照片、練習感恩、每晚享受至少19%的深度睡眠、用飲食改變腸道菌群、對身邊的人親切和善。本書是一本百科、指南、自助餐。你可以隨手翻開，挑書中的幾

個方法來試作，久而久之你的生活型態就會逐漸改變，習慣成自然。

最重要的是，本書提到的方法和工具都是為了幫助你改變。書中的知識當然可以讓你煥然一新。但如果你覺得很糟糕，例如身體很不舒服，或者陷入憂鬱症，你還是該先尋求專業醫療的協助。

好啦，廢話不多說，我們開始囉！

多巴胺
動力與愉悅

來吧,首先介紹第一種神奇物質:多巴胺。

你有過這樣的經驗嗎?早上起來第一個念頭就是「有件事情我馬上想做,做出來一定會很棒!」你從床上跳起來,沖了個澡,穿上衣服,立刻開始工作。這就是多巴胺流動起來的感覺,全身宛如一匹奔放野馬,歡欣鼓舞迎接眼前的春天。

你有沒有想過,如果每一天都能像這樣,該有多好?如果我們可以隨心所欲進入這種狀態,就可以讓動力持續更久、強度更強、感受更充沛。這就是本章的重點。本章可以讓你的生活徹底改變。只要你知道多巴胺能賦予多大的活力,你一定會想用全新的方法過生活。當然,多巴胺若是沒有好好引

導，就會讓人空虛、煩躁、沮喪、成癮、憂鬱。但我們現在已經有了正確的引導方法。你只需要願意開始嘗試。

要了解如何引導多巴胺，我們得先了解這種物質如何演化出來。

在二萬五千年前，某個千篇一律的早晨，我們的祖先鄧肯先生正在睡覺。一道刺眼的陽光，穿過屋頂的樹枝、黏土、長毛象牙，照在雜草鋪成的床上，把鄧肯吵醒。鄧肯醒來之後，才發現自己的肚子空空如也，竟然沒有被餓醒，而是被太陽叫醒，就連他自己也感到神奇。他環顧房子四周，看不到任何一撮存糧，但隨即又想起，附近的那片沼澤應該長滿了雲莓。光是想起雲莓的光澤與汁液，鄧肯立刻全神貫注，充滿動力。他的腦中釋放了多巴胺。

當然，前往沼澤的路很崎嶇，長滿了濃密的灌木叢，但鄧肯心裡只想著雲莓，其他什麼都不管，精力滿滿地向前邁進。就這樣，他靠著多巴胺走了好一段路，翻過一座小山丘，看見下方的沼澤。他認真地掃視草地上的雲莓還剩多少金色漿果──可惡，全都被摘完了！

鄧肯的希望落空，多巴胺濃度急劇下降，陷入痛苦。他嘆了口氣，坐在

PART 1 ｜老闆，一杯天使特調！

倒下的樹幹旁，心中槁木死灰。怎麼會這樣？他該不會餓死吧？但就在陷入絕望的時候，他在樹上看見了一顆蘋果。心中的火花再次點燃，多巴胺立刻奔湧而出。

「我一定要吃到那顆蘋果！」鄧肯爬上岩石，攀上樹幹，拿到了今天的大獎。然後回到地上，大口咬下這顆美味的野蘋果。他的血糖上升、壓力減少、維持少量的多巴胺，這些條件加起來讓他覺得一切都很值得。他身體的內源性大麻素（endocannabinoid）也開始分泌，讓他更為開心。可惜好景不常，這些激素都稍縱即逝。大腦為了鼓勵鄧肯繼續尋找蘋果，降低了多巴胺濃度，而且降得比找到第一顆蘋果之前更低。失去多巴胺之後，鄧肯陷入空虛，急著找其他的東西來填滿，於是很快找到了下一顆蘋果。事實上，鄧肯的茅草小屋、屋裡的過冬存糧，也都是在這樣的渴望之下累積出來的，同樣的慾望也讓他會不斷設法把乾草床改造得更柔軟、更舒適。多巴胺的起伏，讓鄧肯不斷渴望改良身邊的環境，於是他活了下來，把基因傳承到現代。聽完了這個故事，我們快轉兩萬五千年，回到今天。

你的人生，他們六個說了算！　　024

你不是很餓，但突然很想吃一點冰淇淋、一點糖果和一些洋芋片。你鑽進車裡，開了好一段路來到市區。但你抵達時，商店已經關門了，你感到異常地空虛，覺得胸口少了什麼。於是你前往下一家店，商店還開著。說時遲那時快，你逛到的下一家店剛好開著！你的多巴胺瞬間暴增，感到巨大的滿足，接下來只要推開大門走進去⋯⋯

然後⋯⋯你不禁低聲咒罵出來。可惡，你身上的錢包呢？你的多巴胺瞬間暴降，而且一直無法回升。你在車裡狂搜亂尋碰碰運氣，終於在某個角落找到錢包。天啊，幸好不用白跑一趟。你急急忙忙買完食物，等不及衝回家立刻開吃（說實話，你在回程的車上就開了一包零食來吃了吧）。你一直吃，一直吃，覺得舒服了很多，零食也一包包變成空袋子。但到了某一秒，你的爽感突然消退了。你的多巴胺重新降回一開始的基礎值，回到你開車出門之前的狀態。這就是多巴胺的漲跌循環。我們在缺乏多巴胺的時候感到空虛，想要找個東西來填補，於是我們點開手機上某個令人上癮的應用程式，或者

PART 1 ｜老闆，一杯天使特調！

打開電視開始轉台。我們在這個循環中不斷追求愉悅，不斷追求多巴胺。我們的祖先鄧肯就是用這種循環找到蘋果、修築過冬的小屋、把茅草床越鋪越舒服。

但兩萬五千年後，我們的社會已經完全不同。當代的世界有各式各樣的多巴胺來源，我們腦中的獎勵系統（reward system）卻一直沒有改變。於是讓祖先鄧肯順利求生的生理機制，就讓我們陷入別的困境。

別誤會，我不是要建議你遠離這些「不必要」的多巴胺來源。我自己就會在看電視的時候挖幾球冰淇淋，看電影的時候拉一袋爆米花。我要說的是，我們得更了解多巴胺的作用機制，才能好好與自己相處。畢竟在這個時代，「多巴胺小偷」到處都是。

所以多巴胺到底有哪些功能？它是「天使特調」的成分之一，能夠帶來產生做事的動機、持續的動力、慾望、愉悅，也是我們獲得長期記憶的重要機制。大腦裡面有四種迴路與多巴胺有關，但我們只會著重其中兩種：一種帶來獎勵，一種影響意志力與決策。

你的人生，他們六個說了算！　　026

首先我來解釋剛剛提到的「多巴胺基礎值」。史丹佛大學的腦科學教授安德魯・胡伯曼（Andre D. Huberman）的說法極佳：多巴胺可以讓我們花更多精力去搜索、學習、進展，所以在我們做這些事的時候都會增加；但事情一旦做完，濃度就會降得比原本的「基礎值」更低。

假設多巴胺的濃度範圍從 1 到 10，那麼每個人出生下來，都有一個屬於自己的基礎值。假設你的基礎值是 5，那麼當你做了一些增加多巴胺的事情，例如在 Instagram 上看了一部有趣的影片，你的濃度會提高到 6。但影片結束的瞬間，濃度可能就會立刻降到 4.9，讓你「趕快再找下一部」。第二部影片跟第一部同樣有趣，你也一樣喜歡，但因為你一開始的基礎值已經降到 4.9，看影片時只能提升到 5.9，看完則會跌至 4.8。這個過程每重複一次，你的多巴胺濃度就會下滑一點點，直到某一刻你終於失去興趣，覺得什麼影片都不好玩。因為你的多巴胺濃度已經降到 4。客觀來說，這時候你的心情比開始滑 Instagram 之前還糟。

等等，你說很多時候事情都不是這樣。你看完某些影片之後，精力反而

比之前充沛，態度比之前更積極。難道這些影片有什麼秘方？答案是真的有。

因為那些激勵人心的影片，本身也能給我們活力。

某種意義上，你可以說滑影片這件事給你「速效多巴胺」，正面的影片則給你「緩效多巴胺」。這不是說多巴胺本身分為兩種，而是一種譬喻，有時候多巴胺很快帶來活力，但也很快消退；有時候則是來得慢去得也慢。它有點像「速效碳水化合物」和「緩效碳水化合物」，白吐司、義大利麵、糖都能快速提升血糖，但沒過多久就降回來。Instagram上的影片就是這樣，多巴胺來得快去得也快。全麥麵包、扁豆、糙米、雜糧提升血糖的速度則比較慢，撐的時間也比較久。那些能夠改善我們未來處境的活動就是這樣，做完這些事情之後，多巴胺濃度會停留好一段時間。這件事很重要，所以我要再說一次：那些不只是滿足當下，而是真正能夠改善未來的活動，可以長期維持多巴胺濃度。換句話說，那些吸引我們的祖先，讓他們活下來的多巴胺，其實大部分都是「緩效多巴胺」。那麼到底哪些當代的活動，能提供緩效的多巴胺？

那些激勵人心，或者教學型的影片就有這種效果。你看完這種影片之後，是不是總是想動手創作，或改變生活習慣？你的生活就是這樣變得越來越好。反觀那些博取注意力的短影片，你滑了幾十則之後只覺得越來越空虛，因為它們只能給你當下的滿足。

另一種獲取「緩效多巴胺」的方式是閱讀小說。小說中的內容在讀完之後也會繼續迴盪，繼續給你刺激。此外，你在一邊閱讀，一邊想像書中場景的時候，眼睛肌肉、大腦的想像力、以及大腦的其他區域都會動起來，而且你為了記住書中的事件與人物以便下次繼續讀，還會用到記憶力。

學習事物會產生「緩效多巴胺」。新知識可以訓練記憶力，也會激發創意，畢竟新知識一定是既有觀念的重新組合。新知識能夠讓我們更理解世界，也能讓我們更擅長在各種場合交流。最後，我們的知識越多，就越擅長吸收相關的新知識，也會對此越有興趣。

運動也可以釋放「緩效多巴胺」。運動的好處無窮無盡，在此只列出其中幾點：運動可以降低心血管疾病的風險、可以讓你更有活力、可以改善睡

眠、提高神經可塑性、增強免疫系統。運動也是維持心理健康最有用的方法。

做愛也能釋放「緩效多巴胺」。而且雙方同意的性行為，會讓你們在接下來四十八小時之內對彼此更有好感。做愛也會鍛鍊心血管活力，而且會釋放血清素與催產素，本身就會生產「天使特調」。

我在演講時經常開玩笑說，人類在電視出現之前做的大部分休閒活動，都是「緩效多巴胺」的泉源。我會請台下聽眾猜一猜，人類在有電視廣告和網際網路之前，下班通常都去做什麼。最常見的答案包括：跟人聊天、培養嗜好、在家做飯、閱讀書籍雜誌、玩桌遊、手作家具、種花種草、跳舞、玩填字遊戲、創造一些新東西。是啊，這就是人類以前做的事。很久很久以前，人們會恭恭敬敬地把新買的 CD 拿回家，屏除屋內一切雜音，開啟音響，然後坐下來聽完一整張。每次講到一半還會有人說這樣的話：「我們以前一口氣聽完整張專輯！」

但好日子早就過去了。「速效多巴胺」掌握了當下的世界，而且帶來許多問題。其中最大的問題，就是「緩效多巴胺」需要刻意經營，「速效多巴胺」

只要按個按鈕就拿得到。你只要躺在沙發上吃點巧克力，多巴胺就會提升到基礎值的150%。你也可以吃垃圾食品、追劇、玩手機遊戲、追蹤比特幣或股票價格、看新聞，這些全都會讓你立刻獲得。但刺激「緩效多巴胺」的分泌，就需要額外投資許多心力。你得花時間學習或實作，才能發展一項嗜好。你需要動腦才能玩桌遊或填字遊戲。而人類大腦最討厭的事情，就是消耗不必要的能量，畢竟能量是演化過程中最珍貴的資源。

下次你去購物中心時可以注意看看，有多少人搭電扶梯，多少人走樓梯。我自己在美食街咖啡店觀察的結果是，走樓梯的人少之又少，而且即使下樓大家也會搭電扶梯。為什麼會這樣？大家不是都知道運動有益健康嗎？答案很可能是演化遺緒。如果遠古有電扶梯，我們的祖先鄧肯一定會搭，因為在移動時保存越多能量，他就越不容易飢餓，也就越不需要去危險的地方尋找食物。這種生存策略一直遺傳到了現在，讓我們做出以下的事：

• 只要能開車，就絕不騎單車或走路。

PART 1　老闆，一杯天使特調！

- 只要能開車，就不搭大眾運輸。
- 有電動機車或滑板車也行，反正不要搭大眾運輸。
- 能叫外送就不自己煮。
- 能用文字訊息就不當面講話。
- 在機場看到行人輸送帶就跳上去。
- 能用割草機就不手動除草，甚至乾脆叫機器人去割。

當然，這些選擇都能讓我們把時間留給真正喜歡的事情；但很多時候我們都不是刻意選擇，而是下意識地使用了節省能量的方法。

如果你習慣使用「速效多巴胺」，就會逐漸陷入「魔鬼特調」的悲劇。

沉迷於快速上癮的活動，會讓你無暇去做真正有益的事，也更難獲得「緩效多巴胺」。呼之即得的速效多巴胺，會產生耐受性，讓你為了獲得同等級的愉悅，尋求越來越高強度的刺激。你可能看過有人一邊觀看 YouTube、一邊打電動、一邊吃零食、一邊喝某種飲料，同時從四個來源獲取多巴胺。如果

把這樣的人抓到沙發上播放《北非諜影》（Casablanca），拿走其他所有多巴胺來源，他八成生不如死；但這部電影在一九四二年轟動戲院，所有觀眾都全神貫注看著劇情，體會澎湃的情感波動。這告訴我們，要掌握自己的生活步調，就得了解如何調控多巴胺。「天使特調」也是靠著這種練習製造出來的，但這點我們之後再解釋，先來談談前面說到的「多巴胺小偷」。

多巴胺小偷在哪裡？它們如今到處都是，而且可能已經影響了你和你心愛的人。企業開發出一套方法，把你的時間，或者更精確地說，把你的多巴胺變成它們的利潤。例如作手機遊戲的公司，基本上就是用以下三種方法賺錢：

- 它希望你盡可能泡在遊戲或網站上，藉此對你投放廣告。
- 它設法讓你離不開該遊戲，藉此引誘你課金升級。
- 它立即給玩家獎勵，誘發玩家的多巴胺。吸引的玩家越多，遊戲就越紅，網站和企業的品牌價值就越高。

033　　PART 1　老闆，一杯天使特調！

這種遊戲或賭博程式，會盡其所能地讓你快速產生多巴胺，然後從你的回應中賺錢。其中某些公司甚至認真研究認知機制、心理學、生物學，找出如何用顏色、聲音、形狀、動畫的組合，激發最多的「速效多巴胺」。也許你會問，它們為什麼不刺激「緩效多巴胺」，讓玩家獲得成長，公司獲得金錢？因為這樣的話，它們就會輸給其他公司。還記得前述的「電扶梯效應」嗎？只要有電扶梯，就幾乎沒人會走樓梯。當你的遊戲只給予樓梯，其他遊戲給的都是電扶梯，你的玩家很快就會被搶光光。這是生物演化的結果，企業無法違逆。

而且不光是手機，「多巴胺小偷」其實到處都是。零食廠商怎麼吸引我們購買？讓零食看起來更有吸引力，對吧？這要怎麼做到？第一步就是讓外包裝的圖片垂涎欲滴，最好是觸感也很舒服。這樣我們一看到包裝就會產生期待，瞬間分泌「速效多巴胺」。當你在貨架上逛到一半，突然看到一款全新的穀片，多巴胺瞬間暴漲，忍不住立刻買一包嚐嚐。回家之後，你打開包裝吃了一口，覺得好像蠻健康的，可以拿來當早餐。而該穀片中高達15％的

糖分進入血液後，你的多巴胺更是進一步飆升。你的大腦洋溢在幸福之中，覺得這真是太好吃了，下次一定要再買一包。但好景不常，多巴胺被血糖推升之後不久就降了回來。你的大腦開始抗議，說它不想要這種感覺，叫你立刻再吃一口，補充下一批多巴胺。

大家都討厭小偷，尤其是偷孩子東西的小偷。美國有一句諺語叫做「就像從嬰兒手裡偷糖果」[1]，不過當代的版本大概會寫成「就像從嬰兒身體裡偷多巴胺」。當代有一大堆遊戲和應用程式，專門用來讓小孩產生大量的速效多巴胺。而且許多成年人也深受其害。照理來說，成年人的自制力應該較佳，成年人大腦的前額葉皮層更發達，理性思考與實現意志的能力都比兒童或青少年強。比起稍縱即逝的速效多巴胺，我們應該更容易選擇緩效多巴胺。但現實是，許多成年人依然被「多巴胺小偷」偷走了這種選擇能力，你一旦踏入陷阱，不斷尋求速效多巴胺的滿足，你的多巴胺基礎值就會逐漸降低，獲

---

1 like stealing candy from a baby，表示「完成某事輕而易舉的」像從小孩手上騙到糖果一樣簡單。

得愉悅與動力越來越困難，然後就越來越常感到空虛、煩躁、甚至罹患憂鬱。

所以速效多巴胺真的有弊無利？當然不是。如果沒有速效多巴胺，我們會很難感到愉悅，生活也會變得索然無味。巧克力、美酒、甜點、電動、影集、約會程式，都是讓我們獲得愉悅的美妙來源，我們當然可以使用。我自己有在用，也絕對不會阻止任何人使用。真正需要注意的，是享用這些美妙來源時，必須滿足兩個條件！

第一、你必須知道這些東西正在給你速效多巴胺，而且會讓你不想去獲取緩效多巴胺。

第二、你必須了解如何調控多巴胺。只要你無法掌控多巴胺，多巴胺遲早就會掌控你。

說到這裡，我們的目標就很清楚了：學習調控速效多巴胺。我精選出六種工具，可以讓你成功駕馭自己的速效多巴胺，跳脫上癮與空虛的迴圈，享

技巧1：累積多巴胺刺激

受「更真實」的生活。這些工具你一定會喜歡。在說明完這六種酷炫有用的工具之後，我會另外列出四種「加速器」，讓你在有需要的時候獲得額外的多巴胺與動力。但請注意，學這些東西不能心急，一定要反思每一種工具與你的生活有哪些關係。

你經常做以下的事嗎？你在電腦上追劇，覺得不太過癮，於是去拿了一桶爆米花。爆米花吃了幾顆覺得無聊，就再去倒了一杯飲料。幾分鐘後，你突然開始滑手機。但滑了一陣子還是覺得空虛，於是同時開啟另一部劇集。

這就是累積多巴胺刺激，當我們覺得一個來源的刺激不夠，我們就追加一個。這可能會導致三種問題。第一種問題，就是每個來源的刺激都無法好好走完流程，我們對多巴胺產生耐受性，時間過得越久，需要的刺激數量就會越多。

第二種問題，就是大腦會對這些來源上癮，即使在危險的環境下依然渴求刺激。有些人被手機慣壞，即使開車時大腦依然渴望看到新資訊，於是一不小心就拿出手機來滑，做出開車時最不該做的事情。智慧型手機普及之後，世界各地的車禍發生率增加了10%至30%。瑞典警方則表示，過去兩年因開車滑手機而被判刑的人數增加了100%，這顯示越來越多汽車駕駛被手機綁架。

第三種問題，則是我們一旦沉迷於累積各式各樣的刺激，就會無法好好享受其中任何一種刺激，你上一次好好看完一部影集是什麼時候？這個問題該怎麼處理？其實光是注意到自己開始累積多巴胺刺激，就會有所幫助。但如果你需要更快解決問題，這邊列出三種方法供你參考：

1. 立刻停止累積刺激來源，嚴格要求自己一次只做一件事。你可以心無旁騖地看電視、撇開雜訊和孩子一起玩、在開車時關掉網路廣播跟手機，只看著路上的風景變化。

2. 一次減少一種刺激來源。例如看電視時收起手機、做其他事情時關掉電視等等。

3. 徹底恢復平靜。在我教課的這些年裡,很多學員學到如何在十到三十天內完全屏除速效多巴胺。這些讓心靈重新恢復平靜的學員,都說自己宛如新生。例如有人說他在練習三十天後重新拿起手機,才驚覺自己之前竟然浪費這麼多時間去看無聊的雜訊,根本就是中了詛咒或催眠。如果你想要徹底戒掉某種速效多巴胺,或者找到戒除一半的方法,你可以考慮去找一些緩效多巴胺來代替,例如找本書來讀、玩填字遊戲、找人聊天、重拾一度中斷的嗜好等等,這樣會讓戒除過程更順暢。市面上有很多人疾呼「多巴胺排毒」,希望我們拒絕所有多巴胺,但我並不同意。多巴胺不是毒品,真正有害的不是多巴胺,而是大腦對速效多巴胺的依賴。當我們養成新的好習慣,不再期待多巴胺從天上掉下來,問題就會緩解。

技巧 2：維持平衡

當速效多巴胺與緩效多巴胺之間的比例失去平衡，生活就會陷入混亂。

所謂的平衡，就是速效與緩效之間的比例，可以讓我們好好享受生活。而根據我的教學經驗，每個人都有適合的比例。我自己的比例跟大部分人一樣，都接近 80％／20％，當速效多巴胺的來源只占 20％，我就不會被其他快速的刺激帶走，不會錯過生活中其他的緩效多巴胺。但如果某個週末的速效多巴胺增加到 40％，我就會忘了去做其他自己喜歡的事情，例如種花、ＤＩＹ、運動。

維持平衡的秘方之一，就是剛起床時不要看手機。手機上有很多速效多巴胺，會降低我們對緩效多巴胺的「需求」。

紐約精神科醫生班德斯・哈迪（Dr. Nikole Benders-Hadi）表示，剛起床就從手機輸入大量資訊，會讓你在當天更難集中注意力，更難專心做重要的事情。試個幾天看看吧，起床時推開手機，看看你是否變得神清氣爽。

技巧3：分批接受刺激

關掉手機通知也會有幫助。對多巴胺中毒的人來說，手機上的通知就像是垂涎欲滴的洋芋片。你只要檢視了其中一則通知，之後就會想一直滑下去。洋芋片的袋子總是不知不覺就空了，對吧？

無論處於什麼時候、什麼環境，一頭泡進速效多巴胺裡面都會妨礙我們好好享受生活。以聽歌為例，你第一次聽到新歌時，可能會覺得「這首很不錯」，然後每次重聽都覺得它越來越讚，因為那首歌讓你產生越來越多巴胺。但到了某一天，魔法消失了，你開始覺得同樣的歌曲不再有趣，幾個月後甚至開始感到厭煩。但如果你每隔好幾天才重聽一次那首歌，你就會到很久之後才開始聽膩。追劇也是一樣，當你一口氣看完整部影集，到了後面很快就會厭倦，這就像一次嗑掉整包糖果，只有一開始幾顆好吃，後來越來越無聊，「全劇終」字幕出現的那一刻，多巴胺暴跌更是讓你覺得了無生

041　　PART 1 ｜老闆，一杯天使特調！

趣。我自己喜歡分批看電視劇，每看完一集之後花好一段時間回味，思考角色或情節會怎麼發展，直到有點無聊了才點開下一集。這樣會盡可能促進多巴胺分泌，每一部影集都可以迴盪再三，小說也是一樣。我甚至會刻意不看某些影集的最後幾集，這樣就可以永遠在腦中編造無窮無盡的可能性。好啦，我調控多巴胺的方法有點宅，但我猜一定也有其他人會做這種事。

還有一個常用的招數，我確定一定也有人在用：享受購物的過程。你知道的，快樂總在付款前，研究、尋找、理解、詢問自己喜歡什麼商品的過程，往往比實際購物更愉悅。花的心力越多，就覺得購物越有趣，享受的時間也越持久。反倒是那些手刀下訂的人，多巴胺幾乎稍縱即逝，只有購買的當下覺得爽，沒過多久就陷入巨大的空虛。

就連多巴胺的暴跌，也可以掌握在自己手中。至少在某些事情上，我們可以控制暴跌的時間點，讓我們保持活力。舉例來說，當你連續好幾個月焚膏繼晷，終於在截止日期完成一項困難的工作，你一定會覺得棒透了，這時候你可能會找整個團隊來開慶功宴，嗨了一整個晚上。但隔天早上起床，

下一份專案就躺在你的桌上,等待你繼續賣命。幾個月的奮鬥只換來幾小時的狂歡,值得嗎?這種作法只讓你覺得生無可戀。有些人會立刻開始下一份工作,藉由工作中的挑戰來麻痺自己,但這種方法遲早無以為繼。我的建議是把慶祝活動分成好幾天,好好回味這段時間的甘苦。例如把慶祝活動拉到一週,但每天都只慶祝專案中的某件事情,感謝彼此的貢獻。這樣你就不會覺得工作無窮無盡,團隊也會更有動力去執行下一個計劃。

技巧4:用內在動機對抗外在誘因

史丹佛大學的格林(David Greene)和列波(Mark R Lepper)對學齡前兒童做過一個有點壞心,但極為有趣的實驗。首先,他們讓這些幼兒園小朋友畫畫。小朋友都非常喜歡,因為畫畫很好玩,可以立刻看到進展,心理學稱其為內在動機(intrinsic motivation)。但接下來,研究人員開始頒發「好寶寶獎狀」,獎狀做得很精美,只要畫畫就能拿得到。小朋友一開始都興高

043　　PART 1 | 老闆,一杯天使特調!

采烈地畫畫拿獎狀，但當某一天研究人員停止頒發獎狀，小朋友畫畫的時間立刻大幅縮減。這是因為獎狀提供了外在的多巴胺來源，取代了原本的內在動機。當外在誘因消失，內在動機又沒有恢復，小朋友就不想再畫畫了。

這是一個重要的教訓：如果某件事情對你而言很重要，請設法讓做事情的過程本身變得好玩，不要去追求事情最後的成果，不要讓事後的獎勵成為你的外在誘因。舉例來說，如果你為了去健身，而規定自己做完運動之後就可以喝一杯冰沙或者能量飲料，你就可能會在健身時偷懶，或者逐漸放棄。請設法消除這種外在誘因，專心體會運動帶來的舒暢、感受身體在鍛鍊時透出的活力、欣賞自己越來越強的體力。在花園裡鋤草也是一樣，與其拿出耳機開始聽網路廣播，或者規定鋤完草之後可以洗一個舒服的熱水澡，還不如好好呼吸戶外的新鮮空氣，看著花園的風景如何變得越來越整齊，聆聽鳥兒的歌聲，或享受冬日的溫暖陽光。

這是有神經科學根據的。我們可以用前額葉皮質的意志力，在過程中找到樂趣。

當然，我並不是要完全禁止你使用外在誘因。我本身就很喜歡偶爾在完成工作之後小小犒賞自己。但我會小心地控制兩者的比例，不會讓外在的獎勵妨礙我享受活動本身的樂趣。

技巧5：提高多樣性

這是來自遊戲的啟示。有很多原因讓人們願意廢寢忘食地賭博或玩遊戲，其中之一就是即將勝利的刺激感。在勝利前的那一刻，你會獲得大量的多巴胺，並鼓勵你繼續玩下一局。我們要如何讓日常生活充滿這種刺激？隨身帶一顆骰子，或在手機裝一個骰子程式。下次當你要做一些千篇一律的事情，就擲骰子。舉例來說，你喜歡喝咖啡，但如果骰子擲出1，你只能去7-Eleven買咖啡，擲出2的話只能去超市買，只有擲出6的時候才能去你最愛的咖啡店。如果每件事情都要訂規則太麻煩，你也可以設定成「擲出1–3就可以做自己想做的事情，擲出4–6就不能做」。很久以前我跟表弟在公路旅行時就

玩過這個遊戲，每當來到一個十字路口，我們就擲骰子，擲出1–3向左走，4–6向右走。雖然我們最後因此來到了瑞典北部的沼澤地，營區旁滿滿的蚊子，但整段過程超級有趣，是我最愛的一次旅行。

遊戲之所以有趣就是因為它會帶來驚喜。如果遊戲的每一步都在你預料之中，你很快就會失去興趣。就是因為這樣，零食廠商才會投入大量時間精力研發新產品，或者不斷改變產品的包裝。那麼我們自己又可以怎麼使用這個技巧呢？歐布萊恩與史密斯[2]發現，只要改變吃東西的方法，例如用筷子吃爆米花，受試者就會覺得更美味、層次更多、吃起來更有趣。即使只是白開水，只要別裝在玻璃杯裡，而是改用馬丁尼杯之類的其他器皿，喝起來就會更滿意。你自己可能也發現過類似現象。即使是司空見慣的日常瑣事，只要用新的方法做，就立刻產生了生活情調，日後也會不斷回憶。

技巧6：避免多巴胺宿醉

最後一個觀念既是某種警告，也是擺脫低潮的好方法。大家可能都有宿醉經驗，但可能更常陷入「多巴胺宿醉」之中，而且跟酒精毫無關係。週末的你是否陷入低潮，或者不知道自己該做什麼？這是因為週間的多巴胺濃度，跟週末的濃度落差太大。有時候狀況會反過來，在一個充實或開心的週末之後，週一你突然變得生無可戀，因為工作帶來的多巴胺太少。很多人這時候會開始追劇，或者狂滑手機。這些手法適量使用可以提升活力，但如果沒有自覺就會沉迷。附帶一提，許多人會因為巨大的多巴胺落差而感到空虛，因此陷入煩躁或悲傷，或者焦慮與憂鬱。

但其實每個人都有可能陷入「多巴胺宿醉」。我們應該把它當成世界的

2 歐布萊恩（Ed O'Brien），芝加哥大學布斯商學院教授。羅伯特・史密斯（Robert W. Smith），蒂爾堡大學行銷學副教授。

多巴胺枯竭會怎樣？

如果你長年累月地讓大腦生產最高濃度的多巴胺，大腦很可能會「乾掉」。精確地說，多巴胺的傳導途徑會變弱，D2受體３會減少，大腦對多巴胺不再那麼敏感。其中一種最明顯的跡象，就是什麼獎勵都不再能激起你的興趣。

這種「成癮」相當容易。生活中有各種微小的壞習慣，壞習慣累積越多，我們就越難控制自己。只要找一家舒適的咖啡廳，就知道這種問題當下有多

現實，不必為此擔憂。若要降低這種現象帶來的負面感受，週末就盡量不要攝取太多「速效多巴胺」，因為這樣會讓身體養成快速消費多巴胺的壞習慣。如果你想找樂子，試著用現實世界的「緩效多巴胺」取代手機跟螢幕，例如出去散散步、曬曬太陽、去健身房流個汗、找人聊天、玩玩桌遊、讀書、冥想、休息。

嚴重。照理來說，咖啡廳是用來喝下午茶、聊天、放鬆的。但你現在放眼望去，到底有多少人會跟摯友在咖啡廳聊天、享受美味的巧克力甜點與一杯拿鐵咖啡？大部分的人都是每隔幾秒就拿起手機尋找刺激，彷彿眼前的社交無聊至極。現在的咖啡廳已經從談心的地方，變成了大家聚在一起，每個人各自全神貫注玩手機的地方。這讓我們腦中的獎賞系統變得遲鈍，必須靠更多的刺激才能衝高多巴胺，然後陷入惡性循環。我們給予自己越多刺激，刺激就越難滿足我們。想想看，你和你身邊的人是不是已經這樣「多巴胺上癮」。

有一些人的狀況則是工作狂，這是另一種「多巴胺上癮」。他們喜歡工作帶來的成就感，每分每秒都填滿工作。但這種作法也會逐漸讓腦中的獎賞系統變得遲鈍，於是他們不知不覺地尋找更多刺激來源，辦公桌上開始出現零食與酒精。此外，大量的工作會提高壓力水準，使他們必須更努力地逼迫

3 多巴胺受體 D2（Dopamine receptor D2），為出自 DRD2 基因的一種多巴胺受體蛋白。又稱「抗精神疾患性多巴胺受體」（antipsychotic dopamine receptor）。

自己,但大量的壓力會減少快樂與多巴胺,使他們更需要大吃大喝,然後就不斷惡性循環下去。

大約十年前,我搭火車去馬爾默[4],當時我還不知道累積大量多巴胺刺激會造成怎樣的影響,也不知道我會因此對多巴胺麻木。我拿起筆記型電腦一邊工作一邊看電影。走道對面的座位上,一位年長的紳士透過窗戶看著外面的鄉村。我看完電影之後拿起了手機,先是讀新聞、然後滑社群媒體、最後玩遊戲。手機沒電之後,我就拿起瑞典火車上的雜誌《車廂》(Kupé)來看,沒過多久就從第一頁讀到了最後一頁。眼前的多巴胺刺激全都用光了,我變得極度空虛,身體很不舒服,而且因為電腦已經沒有事情可以做,手機又沒電了,我只好在車廂裡尋找任何有趣的事物。這時候我突然發現,隔壁那位年長的紳士在接近兩個小時的時間裡,一直坐在同一個地方,臉上掛著同樣的微笑,看著周圍的鄉村風景匆匆掠過車廂。那讓我憤然驚醒⋯我已經多巴胺上癮了。

好好保養多巴胺引擎

多巴胺是你體內的引擎,給你正能量,讓你無論遇到有趣的任務還是困難的挑戰,都會帶著微笑帥氣解決。前面提到的六種技巧,可以讓你控制速效多巴胺,防止上癮,藉此重新獲得能量,好好去做生活中的「正經事」。一旦熟練這些技巧,你就會像保養良好的勞斯萊斯一樣快意奔騰,在生活中應對優雅、效率高超。但本章寫到這裡,都還沒有回答該如何主動「注入」多巴胺,以更強的動力面對新的一天、下一個計畫、下一個活動。所以接下來的四個技巧,就要解決這個問題。

4 瑞典的第三大城市,位於斯堪尼省的最南部,波羅的海海口,為斯堪地那維亞最古老和最工業化的城市之一。

技巧7：給自己一股衝勁

我兒子崔斯坦九歲的時候，一直不願意學九九乘法表，無論找誰來帶都激不起他的興趣。直到那年夏天，我的妻子瑪麗亞開了一家咖啡館。崔斯坦想藉此賺一些零用錢，就問媽媽能不能在咖啡館裡幫忙。瑪麗亞說：「當然好啊，你可以在櫃台幫忙收錢。」這立刻讓外向的崔斯坦喜出望外。但瑪麗亞繼續說道，「不過這樣的話你就得學九九乘法表。客人通常都會同時買好幾樣東西，比如三枝棒棒糖，每枝四克朗，這樣總共是幾克朗呢？」崔斯坦立刻發現乘法表有多好用，剩下的就只是時間的問題了。

當我需要動力的時候，我會用一些精心設計的問題，讓自己產生多巴胺。下面列出四個例子，你應該看到之後也會瞬間有感：

1. 每次提不起勁去教自我成長課程的時候，我就坐下來想想自己之前連續十七年與憂鬱症對抗的那段日子，以及之後發生的改變。我希望世

界上再也沒有人需要經歷我的痛苦，於是立刻出門教課。

2. 每次懶得去健身房的時候，我就會想想我爸。我爸是個神奇的英國人，年輕時常跟史恩・康納萊[5]與羅傑・摩爾[6]一起混，後來卻因為心臟病而失去美好人生，在生命中的最後十五年內發作三次。他的心臟病之所以屢次發作，跟他放任口腹之慾又懶得運動很有關係。每次我想到這件事，就會對保持健康飲食提起動力，並且乖乖去健身。

3. 每次當我提不起勁去教「PowerPoint 簡報時的幾大禁忌」課程，我就會回想學校之前的家長會。我兒子的老師在一張全白背景的 PPT 裡面塞滿了螞蟻大小的文字，站在房間的角落用毫無抑揚頓挫的聲音說話，拿著紅色雷射筆在螢幕上亂揮。沒人想重演這樣的噩夢。

---

[5] Sean Connery，蘇格蘭演員，憑藉一九六二年至一九八三年在七部詹姆士・龐德電影中飾演英國間諜詹姆士・龐德走紅。

[6] Roger Moore，英格蘭演員，曾演出英國動作英雄而出名，分別為電視節目《七海遊俠》（The Saint）中的角色賽門・鄧普勒和在一九七三年至一九八五年飾演詹姆士・龐德。

4. 其實我很內向，每次要認識新朋友就會陷入焦慮。但我知道如果放任自己的恐懼，就會失去認識新人的機會。所以我會回想之前認識多少不可思議的陌生人，回想跟他們聊天的過程有多有趣。想著想著，我就開始期待接下來的會面，也不再恐懼了。

上面這些方法，都是用特定的情緒或記憶，來產生強大的動機。其中有些記憶是負面的，有些是正面的。只要我們知道自己欠缺哪些動機，就可以回想人生中的相關記憶，藉此激發情緒，感受情緒流過身體裡的每個角落。這種練習的難度因人而異，但只要多練幾次，每個人都做得到。

除此之外，你也可以改變環境，藉此促發情緒。我的孩子之前一直很想養兔子，而且想要一次養兩隻；但卻一直無法養成存錢的習慣，用自己的錢去購買兔子。我認為這很可惜，畢竟養寵物可以練習紀律、溫柔、同理心、尊重生命。所以某個週末，我去寵物店借了兩隻兔子回家跟孩子們玩，週日再還給店主。雖然只是短短一兩天的接觸，孩子卻興奮不已，立刻找到了情

技巧8：洗冷水澡

《歐洲應用生理學報》（European Journal of Applied Physiology）的一篇論文指出，受試者在14℃的冷水中洗了六十分鐘的澡之後，多巴胺濃度就提高了250%；而且濃度是逐漸增加，而非稍縱即逝，在之後的六十分鐘內都不會突然消退。目前我還沒看到有人去研究，如果洗冷水澡的時間更短，能不能有類似的效力；但每個習慣洗冷水澡的人都說，他們在洗澡之後的一兩個小時不但注意力更集中，而且精力充沛。注意力的集中，可能是正腎上腺

感動力，也馬上做出改變。他們開始好好存錢，短短三週之後就存到了足夠的金額，回到寵物店把那兩隻兔子買回家。沒錯，我把兔子還給寵物店的時候，確實與孩子發生了一些摩擦，但效果非常好。如果你想要什麼東西卻提不起勁去爭取，就先去試用一下，體會一下渴望的感覺。一旦有了渴望，很快就會激起爭取的動力。

素（noradrenaline）造成的，冷水澡會讓正腎上腺素的濃度增加，那麼正腎上腺素是由什麼東西合成的呢？沒錯，就是多巴胺！

技巧9：夢想藍圖

大部分人都不知道心理的力量有多大。但你應該清楚，每次想到要度假的時候就有多興奮，對吧？新手機、新車、新烤肉架也都能帶來類似的激勵。當你想到只要再認真工作一陣子，就能把夢寐以求的東西帶回家，是不是就動力滿滿？麻煩的是，當我們開始思考其他事物，動力就跟著多巴胺一起消退。這是因為大部分人的記憶力都不是很好，很快就會忘記自己是為什麼而奮鬥。

這種時候「夢想藍圖」就很好用。它只要一張海報紙、一把剪刀、幾支彩色筆就可以製作。當你想要追求某項東西，就鋪開海報紙，找幾張相關的圖片貼上去，寫下幾句承諾或格言，提醒自己想成為怎樣的人，為什麼要追

你的人生，他們六個說了算！　　056

技巧10：維持慣性

求這個東西,或者想創造什麼事物。簡單來說,就是盡量在這張紙上描述你想創造的未來。畫完之後就框起來,掛在臥室或浴室的牆上,或者衣櫃門的內側。接下來養成一個習慣,每天早上起床或刷牙的時候,都轉過頭去看個幾眼,重溫一下這個願景帶給你的感動,想像一下將它化為現實會有多美好。這會讓我們的多巴胺每天都重新充電。只要做個幾天,你就會發現動力逐漸增強,自己充滿熱情。除此之外,你也可以每天從「夢想藍圖」中挑一件事情來推動,或者特意關注。你也可以把藍圖拍照下來,當成電腦或手機的桌布或螢幕保護程式,這樣無論你走到何方,都能感受夢想就在身旁。

我們都知道慣性的威力,慣性一旦形成,就很難消逝。一開始逼自己去健身的時候,我們都很痛苦;但每週健身四天之後,沒健身的日子反而全身都不對勁。反過來也一樣,當我們生病休息,或者出門度假兩週之後,健身

本章摘要

「天使特調」中的多巴胺可以分為兩種。第一種我稱為「速效多巴胺」，例如吃巧克力、無腦滑手機、狂吃洋芋片，這些活動可以讓滿足感快速增加，但對生活沒有長期幫助。這些唾手可得的美好感受，是犒賞自己的好方法，但對生活沒有長期幫助。這些唾手可得的美好感受，是犒賞自己的好方法，

的動力又消失了。生活的慣性，本身就會產生多巴胺。你只要維持健身的習慣一段時間，而且開始看到效果，健身就會變成你想追求的活動。你一旦了解這個機制，就可以驅動體內的多巴胺引擎，養成任何一種好習慣。萬事起頭難，但只要開始嘗試，你就會享受到多巴胺的美好，因而繼續觸發多巴胺，讓你每天都迫不及待地去做這件事。但也請你記得，多巴胺的保存期限很短，如果隔了好幾天都沒有做，你就會再次失去動力。此外，你對事情本身的態度也會大幅影響體驗。這你一定相當了解：當你在體驗某件事物時，特別重視它的益處、趣味、價值，體驗的感受就會更好，動力也會更佳。

我本身也經常使用。但請注意，不要同時使用好幾種「速效多巴胺」來源；而且在享受時請盡量細嚼慢嚥，每次只使用一點點。最後切記，不要把這些獎賞變成努力工作或培養習慣的外部誘因。除了「速效多巴胺」以外，還有一種來源我稱為「緩效多巴胺」。這些多巴胺來自學習新事物、健身、發揮創造力、聊天、玩填字遊戲、挑戰困難獲得成長時，所帶來的滿足。這種多巴胺會給我們的生命帶來價值與意義，我們應該將其化為生命中的主要動力。你只要開始減少生活中的「速效多巴胺」來源，就會發現自己重新愛上一度放棄的美好生活，再次擁抱「緩效多巴胺」。如果你希望在「天使特調」中添加更多緩效多巴胺，你可以用特定的情緒或記憶來激起動機、做一張夢想藍圖、養成良好慣性、洗冷水澡。

催產素
連結與人性光輝

「嘿！快點來看！這夕陽太讚了！」你看著魔幻的晚霞，心中充滿敬畏，時間彷彿停止。你的呼吸放鬆、深沉、穩定，感受到一種難以言喻的和諧和幸福，完全沒有想到其實整片天空和今天早上一模一樣。一朵美麗的花、一片驚豔的美景、第一次看到自己的孩子站起來走路，都會讓我們有同樣的敬畏。神奇的事物，總是讓我們因敬畏而謙卑。大量的相關研究發現，敬畏在眾多情感中相當特別。它會刺激釋放血清素、多巴胺、催產素，而催產素是這章的重點。催產素有一種獨特的功能，可以讓你與其他人、其他物體、甚至與更宏大的存在之間建立更緊密的連結。我們與巨大存在之間的連結，就是大自然、宇宙、宗教體驗的來源，畢竟宗教就是我們對偉大存在的信仰與

敬畏。

催產素是大腦中的一種神經胜肽，也是血液中的一種激素，具有許多不同功能。本章將著重於催產素在心理上最重要的影響。接下來請讓我解釋，為何你的「天使特調」裡可以多放一些催產素。

催產素的力量超越你我的想像。我個人認為，它是各種涉及心理的激素中，最重要的一種。這種物質可以增強你的充實感與完整感，在某些情況下也能增強彼此信任、使我們更有同情心、更有歸屬感、更為慷慨。

如果你在街上隨便找一個陌生人，給對方一個擁抱。對方的催產素濃度會上升嗎？會變得更有同情心、歸屬感、更慷慨、對你更加信任嗎？應該不會吧。但如果你給好友一個安全溫暖的擁抱，這些改變就很可能發生。催產素的效果大幅仰賴脈絡，而且需要在人際關係中逐漸累積，無法一夕成效。催產素也像其他化學分子一樣，催產素也有其陰暗面。但這部分稍後再談，請容我先探討催產素的光明面，並解釋該如何在需要的時候召喚催產素。

在我開始解釋之前，請先再次默念這些詞彙：充實感、完整性、同情心、

歸屬感、慷慨、信任。然後暫停一下，先不要繼續往下讀。給自己一點時間，先把這些詞彙放在心裡，然後想想它們在你的生活與人際關係中有多重要。

好了嗎？那我們先回到二萬五千年前，看看石器時代的老祖先鄧肯。在某個週五，鄧肯遇到了人生中永遠不會忘記的日子。他躺在樹枝、黏土、長毛象牙搭成的簡陋小屋裡，聽著外面淅淅瀝瀝的雨聲，欣賞上週採到的那堆紅蘋果，心中相當滿足。不知過了多久，他聽到了奇怪的聲音，感覺有人站在小屋外面，敲著那對他用長毛象牙搭成的柱子，低聲咕噥著什麼。鄧肯覺得這應該只是幻覺，畢竟他一個人在這裡已經住了很久，從沒有人來過。唉，八成又是昨天吃的那些陌生森林蘑菇惹的禍吧。但隔了一會，鄧肯的想法開始改變。小屋外的人影和聲音一直存在，幻覺不會持續這麼久。想到這裡，他不禁心中一震──不會吧，真的有人來找他？他躺在乾草床上，不知心中是惶恐還是興奮。這是真的嗎？鄧肯已經記不清上一次遇到人類是什麼時候，久到甚至忘記了自己的模樣。又是一聲敲門聲。鄧肯從床上爬起來走到門口，看見一個衣衫襤褸、疲憊不堪、渾身濕透的女人，鄧肯從未見過這

麼美麗的臉孔。

如果鄧肯體內沒有催產素，可能就會關上小屋的門，回到床上呼呼大睡。

但催產素和其他物質的聯合作用，讓鄧肯對眼前的陌生人感到同情，立刻邀她進入屋內，點燃柴火讓她烤乾取暖。

就這樣，陌生的女子住了下來。每天與鄧肯一起採藍莓、吃蘋果。女子的名字叫格蕾絲，幾個月前離開了部落，就一直迷路回不去。鄧肯和格蕾絲不斷聊天，越是彼此了解，就分泌越多催產素，他們的關係就越緊密。他們開始碰觸彼此的身體，產生了更多催產素，最後某一天終於墜入愛河。不久之後的性互動，更是進一步增加催產素。九個月後，他們生下了兩個漂亮的孩子埃爾西和艾弗，親子之間的關係建立了牢不可破的紐帶，被催產素牢牢地綁在一起。這一家人彼此尊重、互愛、傾聽對方的聲音。原本的小屋變成了他們的家，產生了特別的意義，珍愛的土地承載了生活的所有回憶。而這一切都是因為催產素。

063　　PART 1　老闆，一杯天使特調！

好啦，回來二十一世紀

你有沒有發現，催產素減少的時候，特別容易彼此誤解、摩擦、爭吵？這種事在大家都不說話、拒絕身體接觸、不留時間陪伴的時候特別容易發生。反之，當互動中出現碰觸、傾聽、共度時光，人際關係就特別容易維繫。有句老話說得好：絕對不要在做愛之前或做愛之後做出關鍵決策。佛羅里達州立大學的安綴亞・梅澤博士（Dr. Andrea L. Meltzer）研究發現，在進行性行為之後，雙方對這段關係的看法都明顯改善。這種效果可以持續四十八小時，也就是說，科學似乎給了我們一個每四十八小時就跟伴侶做愛一次的好理由。不過有趣的是，光是目光接觸、做愛過程會大量釋放催產素與其他物質。許多細緻的身體接觸，例如長時間的擁抱、親吻、按摩和撫摸也有類似的效果。積極傾聽伴侶的對話也有同樣的反應。你甚至可以立刻闔上本書，去嘗試上述八種方法，你與伴侶的關係一定會改善。當然，你也一定早就知道，生活中大部分的領域都需要良好的人際關係，所以就還是請你繼續

讀下去吧，畢竟值得學習與實作的技巧還多得很呢。

很多人問我：「要怎麼交到知心好友？」、「要怎麼變得受歡迎？」、「要怎麼讓別人願意共度時光？」。我的答案都很簡單：成為優秀的傾聽者，並學著真正在乎他人。根據我個人經驗，那些最受歡迎，最能讓人分泌催產素的人，都是付出關懷、體貼別人感受、主動了解他人的人。這些人我們難以忘懷，而且總是能得到我們的關心與尊重。如果你閉上眼睛幾秒，你一定可以想起幾位真正關心你的人，無論你分享生活中的喜怒哀樂，他們都一直在那裡等你。而且我敢打賭，當你腦中浮現與他們共處的時光，你的嘴角會漾起了微笑。

除了生活以外，工作也需要花大量時間與人相處，這時候催產素也非常有用，甚至會影響企業的成敗。如果公司能讓同事彼此關心、互相幫助、彼此信任，利潤就會隨著催產素水漲船高。

在了解催產素的影響之後，接下來就是實作的部分了。我將再次列出幾個概念，解釋如何在日常生活中讓自己和他人分泌更多催產素。也許這些技

巧你早就開始使用了，如果沒有的話，現在不妨開始嘗試。

技巧1：敬畏

首先我們來談談本章開頭提到的敬畏。敬畏是我們遇到那些當下難以理解、比我們更偉大的事物時，所產生的情緒反應。有些敬畏來自優秀的藝術或音樂，更常見的則來自大自然的體驗。強大的集體經驗，例如音樂會或大型政治集會，也會使我們感到敬畏。不過我們還是從大自然開始談來吧。想像一片落葉林，長滿了高聳的橡樹、榆樹、楓樹。秋天第一片落葉捎來訊息，一隻好奇的啄木鳥穿過林間的枝枒。加州大學柏克萊分校的維琴妮亞・斯托姆[7]，研究敬畏之心會產生哪些影響。她請受試者連續八週，每天花十五分鐘在上面這樣的森林中散步，並在特定的時間點自拍。其中的實驗組額外收到一份指示，「在散步過程中，嘗試以新的角度去觀察身邊的一切，想像自己是第一次看到。每次散步時多花一點時間去嘗試新視角，例如環視整篇森林，

或者近距離觀察葉子或花朵的細節。」對照組則沒有得到指示,只要散步並自拍即可。

研究者請兩組人各自記錄自己對每次散步的評價。結果以敬畏之心觀察事物的那一組,認為自己體驗新事物的能力逐漸提高,而且越來越佩服大自然的美好。在自我評價中,這一組的同情心與感恩之心,也比對照組更高。

但我覺得最棒的是,帶著敬畏之心去散步的那一組,自拍的內容開始改變。首先,他們的臉與身體在畫面中的比例,隨著時間越來越小。其次,他們越來越常發自心底露出微笑。維琴妮亞・斯托姆認為「敬畏讓我們變得謙卑,讓自我與環境在我們心中的比重,變得更健康」。無論是實驗組的自我評價還是自拍照片,都顯示光是帶著敬畏之心去觀察世界,就會讓你放下我執、放下對目標的堅持,開始欣賞整個大局。

7 Virginia E. Sturm,加大神經病學、精神病學和行為科學系的教授,也是臨床情緒神經科學(CAN)主任。

所以我們在日常生活中，要怎樣用敬畏來製造「天使特調」呢？答案是關注身邊的每件小事。試著看看路上小石頭的美妙細節，觀察鳥兒如何飛翔，每一片秋天的葉子如何以獨特的方式落下，每一片雪花的形狀有多麼不同。而且不要只使用眼睛。視覺是最主要的感官，很容易讓我們忽略氣味、聲音、觸感。不要太專注在視覺，細細品味身邊的細緻氛圍，觀照心中浮現的獨特想法。

關於敬畏的問題，讓我忍不住分享奧賽梅里博士[8]的有趣研究。奧賽梅里找了七十二位退伍軍人與五十二位陷入困境的年輕人有機會去泛舟，並鼓勵其中一部分的人抱著敬畏的心體驗整段過程。結果與對照組相比，抱持敬畏心態的實驗組，創傷後壓力症候群（Post-Traumatic Stress Disorder，PTSD）降低了29%，壓力減少了21%，社會關係改善了10%，生活滿意度提高了9%，幸福感提高了8%，數字相當可觀。光是改變心態就能有這麼明顯的改善，實在不可思議。

還有一件有趣的事⋯人造的事物相比之下沒那麼有效。那些要求受試者

你的人生，他們六個說了算！　　068

技巧2：感同身受

有一個很簡單的方法可以快速分泌催產素：去體會別人的處境。當你結束整天忙碌的會議、緊張的工作、激烈的討論之後，回家前不要急著打開家門。在車裡或門前稍停片刻，拿出你的手機，點開一兩部讓你感同身受的影片，看個一兩分鐘，然後再走進去。這會大幅改變你與家人的關係。如果你直接帶著大量的皮質醇（cortisol，在壓力下分泌的激素）與速效多巴胺闖進家門，很可能會被這種「魔鬼特調」遮蔽眼睛，看不到家人對你的關注，不想理會他們投來的擁抱、聽不進他們說的話。但只要你先激發一些催產素，想到家人的關懷就能滲入你的心中。而且你的反應，家人也會立刻感覺得到。人

8 Y. Auxéméry，巴黎第七大學心理學博士，曾任珀西陸軍訓練醫院科室主任。

們常說千金難買寸光陰，但我覺得體會當下的充實感，才是時間真正擁有價值的原因。附帶一提，這招除了適用於家庭，在工作上也很好用，尤其如果你是團隊主管或業務行銷。

在會議、產品報告、談判這些高壓力場合，催產素的增加能夠大幅改變局勢。下面這種狀況也許你相當熟悉：你花了十二小時做投影片，排演過各種可能狀況，皮帶調整得恰到好處，鞋子擦得雪亮，準備上台技驚四座。但走上講台的那一瞬間，你腦中突然一片空白，所有詞語瞬間消失，思考也慢了下來。排演時完美無瑕的講稿，現在一個字也想不起來！於是你只好臨場反應，最後滿頭大汗地走下講台，完全記不得剛剛胡扯了些什麼。為什麼會這樣？因為你的體內塞滿了皮質醇和腎上腺素，大腦把聽眾看成了一群充滿敵意的劍齒虎。如果你在上台之前分泌一些催產素，情況就會完全不同，催產素能夠減少皮質醇、降低血壓，讓你知道自己早就做好準備，局勢都在掌控之中。

以演講維生的我，至今已經上過不知多少次台。根據我自己的經驗，以

你的人生，他們六個說了算！　　　　070

技巧 3：身體接觸

某種意義上，我們都像是每年四月在霍博加爾湖求偶的灰鶴，人與人之及其他大量演講者的表現，我認為人們演講時最常犯的錯誤，就是在上台前最後幾分鐘重看講稿、大綱、或者思考聽眾會提出什麼問題。這些會讓你的壓力暴增，阻礙你的表現。我認為要在台上大放異彩，最好的方式是在上台前十分鐘給自己一點溫暖。我通常會拿出女兒七歲時的照片，看著她跑過整片草地，她臉上的微笑能融化岩石雕像的心臟。我每次這樣做，上台的時候都感覺非常充實，台下的聽眾也更聚精會神。當你體內有一些催產素，不再被皮質醇和壓力嚇成驚弓之鳥，你的演講能力和記憶力都會大幅提高。大量的壓力很容易妨礙我們獲得短期記憶。至少到目前為止，溫暖的回憶對我都非常有效。只要想起女兒的那張照片，我的心就會變得安詳，就像包在一條毛絨絨的毯子裡面。

071　　PART 1 ｜老闆，一杯天使特調！

間的第一次身體接觸，總是又笨拙、又遲鈍。但這正是趣味所在，我們第一次見到陌生人時，會先保持距離，禮貌性地點點頭，只有那些膽子很大的人才敢伸出雙手緊緊互握。但我們一旦發現彼此談得來、可以信任，下次見面時可能就會握手握得更輕柔，同時也不需要下意識地鞠躬。等到第三次見面，時坐得更近一點。如果一切順利，幾週之後我們就會在見面時彼此擁抱。這就是人際交流的「肢體接觸之舞」，每次交流都更近一點、更相信一些、更了解如何互動。

很多人以為關係要能順利進展，就得來幾杯紅酒、一些浪漫的氣氛，但其實我們未必需要這些。認識彼此的過程真的很像跳舞，我們心底都渴望彼此碰觸，只要有一些肢體接觸，身體就會分泌催產素。當然，隨便衝到街上找一個陌生人，緊緊抱住他二十秒並且緊盯著他的眼神，是非常不禮貌的。

但同樣的行為在親密朋友之間通常都非常溫暖、讓人安心。

這件事大家在 COVID-19 時期應該很有感，許多人在疫情高峰限制行動

期間，都陷入巨大的孤獨。如果世界上有販賣罐裝的催產素，我猜當時絕對搶購一空。疫情以前所未有的方式，剝奪了我們之間的實體接觸，讓我們覺得無依無靠。研究結果也證實這有害心理健康，在人際接觸消失之後，焦慮、憂鬱等精神問題都更為常見。

有趣的事情還沒有結束。卡內基美隆大學的謝爾頓・科恩教授（Sheldon Cohen）曾用另一種方式研究催產素的影響，他打電話給受試者，問他們是否願意接種普通感冒病毒，研究人際關係與感冒之間的關係。你聽到這種邀約應該會皺起眉頭，掛上電話吧？不過謝爾頓的團隊還是招到了四〇六名受試者。受試者先進行兩週的自我評估，記錄人際交流中的衝突次數，以及收到的擁抱次數；然後每個人都接種感冒病毒。猜猜看最後的結果如何？沒錯，經常接受擁抱的受試者比較不容易感冒，即使感冒了症狀也沒那麼嚴重。至於那些很少獲得擁抱或者經常遇到衝突的受試者，感冒程度則嚴重較多。這種現象似乎不僅發生在人身上，一項針對郊狼的研究也得出類似的結果。疏離導致的催產素降低，可能讓我們的細胞死得更快。

073　　PART 1 ｜ 老闆，一杯天使特調！

這些研究顯示，如果要產生更多催產素，我們就該經常接觸他人、與朋友共度時光、設法坐得更近、彼此擁抱、牽手、按摩。當然，跟寵物做這些事情也會有一樣的效果。大部分的相關實驗，所研究的互動動物都是狗，但無論是什麼寵物，只要是你「最好的朋友」應該都可以。如果你真的很難親近人類或動物，也可以用適度的光線與壓力，來刺激皮膚上的感覺神經，獲得被觸摸的感覺。夏絲汀‧穆伯格[9]研究發現，蓋著厚毯子睡覺就會有這種效果。說到毯子，你在寒冷的時候，曾經鑽進清爽乾淨的溫暖床鋪嗎？那種感覺實在太舒服了！雖然至今為止我還沒有看到任何研究顯示這會有刺激催產素，但就我個人的經驗，這種感覺似乎與催產素的效果非常相似。普魯布姆[10]與雷黑斯[11]的研究結果與此相近，他們證實溫暖的環境會刺激分泌催產素，例如洗熱水澡。這似乎表示溫暖的厚毯子可能真的有用，毯子的重量會刺激皮膚的感覺神經，被毯子保留住的體溫則會給予溫暖，也許厚毯子的幸福感，至少有一部分真的來自於催產素。

技巧4：慷慨

當我想要增加催產素含量時，慷慨助人是我最喜歡的方法。它最棒的一點就是，做出慷慨的行為之後，未來將會變得更為慷慨，進入正向循環。豪赫‧巴拉札[12]與保羅‧扎克[13]研究指出，同理他人的處境可以增加催產素。他們讓實驗組觀看能夠引發共感的影片，例如人們在危機中的互助或者彼此體貼；對照組觀看不會引發這類情緒的影片，結果發現實驗組的催產素增加了大約47%。我在教學生涯中遇過一些行銷人員，他們直白地說「你分享了太

9 Kerstin Uvnäs Moberg，醫生、研究員、教授，也是瑞典催產素領域權威。
10 Dr. Leo Pruimboom，臨床心理神經免疫學領域的先驅，在普魯布姆研究所（Pruimboom Institute）培訓醫療和輔助醫療專業人員，他是該研究所的創始人兼執行長。
11 Daniel Reheis，kPNI的專家和講師、科學家，同時也是art'rechte（artrechte.com）的創始人。
12 Jorge A. Barraza，Immersion的聯合創始人兼首席科學官，該公司提供可擴展的技術，利用神經科學來量化深度沉浸式體驗。
13 Paul J. Zak，美國神經經濟學家。

多內容，反而無法把你自己推銷出去。」但我懷疑事實完全相反，許多聽眾與顧客很可能是因為我無私的分享而來。當你為了分享而分享，不求任何回報，你將會獲得強大的影響力。

我年輕的時候和朋友開了一家釣魚店，當時我喜歡釣魚，就想：「乾脆開一家釣魚店吧！」於是我暫時離開講課，過了一段相當不同的日子。我們跟許多釣魚店一樣，經常參加釣魚業者大會，獲得難得的經驗。有一次大會辦在奧勒的美麗勝地費維肯（Fäviken），第一天在攤位上顧店時，遇到一個人來問我們販賣哪些釣魚設備，聊了幾句之後，我順道問了會場附近有沒有什麼好的釣魚點，晚上可以帶夥伴一起去。結果對方就像太陽一樣溫暖，非常詳細地描述了他的私房釣魚點給我。當我聽不懂他的描述，他又立刻畫了一張地圖。後來等到傍晚五點要收攤的時候，他甚至跑回來說，「嘿我突然想到，我畫的那張地圖很亂，我直接帶你去。」然後我們就這樣跟著他的車一路開了二十多公里，直到釣魚點。那個地方和他家方向完全不同，他是特意帶我們去的，而且抵達之後他還說，「你們沒有船對吧？先用我的。鑰匙

就在那裡，用完放回去就好了。」他身上的熱情深深溫暖了我們。而且事情還沒有結束。到了大會的最後一天，他又跑來跟我們說，「你們下次再來參加的話，就住我的小屋吧。我在大會期間都不會用到，可以讓你們住，當然是免費的。」我不禁問他為什麼要對我們這麼好。「我對每個人都這樣，看著他們開心，我自己就很開心。」他笑了起來，「你不覺得這很棒嗎？」在那之後我總是不時想起慷慨的力量，開始覺得光是慷慨就能讓我們獲得幸福。我猜這一定跟催產素有關，另外的原因大概就是多巴胺。當我們幫助他人時，我們的催產素會顯著增加，進而降低壓力，改善我們的健康。有趣的是，年紀越大，催產素濃度通常都會越高，也因此年紀越大，我們就越容易自然而然地幫助別人。當然啦，不是每個人都這樣。

技巧5：看著對方的眼睛

亞瑟・亞倫[14]作過一個實驗：他請受試者花十分鐘的時間問陌生人一系列私密問題，然後花四分鐘看著對方的眼睛。結果許多單身的受試者因此產生了「愛的感覺」，其中一對因此結合的情侶，甚至在參與實驗六個月後就結婚了。

也許人類之間的眼神接觸會刺激分泌催產素不是什麼新聞，說不定和動物對看也會有類似的結果。但你知道遠距視訊也會有效嗎？芬蘭坦佩雷大學（Tampere University）的研究指出，即時視訊中的眼神對視效果，和實體空間差不多。我在COVID流行期間，對世界各地的人舉辦了大量視訊講座，內容包括線上演講的技巧、遠距報告與會議的技巧等等。講座中我經常提到鏡頭角度的威力，例如「哈囉，今天似乎有十二位朋友的鏡頭正在觀測鼻毛、八位朋友正在檢查額頭、五位朋友正在用鏡頭分析耳垢。另外兩位朋友似乎正在認真思考上述的有趣現象。」沒錯，我說的就是大家在螢幕前的角度。

你的人生，他們六個說了算！　　　　　　　　　　078

平均每場會議都只有兩位聽眾能給人舒服的感覺。這些人的角度有何不同？他們的鏡頭高度與眼睛平行，附近的光源會溫暖地照在臉上，而且會一直認真盯著螢幕，讓人感受到他們的認真。在我解說完上述機制之後，我會請大家花十分鐘調整鏡頭，結果會議效果天差地遠。光是看著彼此的眼睛，與會者的感覺就天差地遠。當然啦，還是有一些人並不買單，「所以你是想說我們過去接近十八個月的做法完全錯誤？開越多會議把大家搞得越疏離？」呃……你要這樣想我也沒辦法。

經常有人問我有沒有藥物能夠刺激分泌催產素。答案是有，最常見的就是搖頭丸。催產素是服用搖頭丸後釋放的主要物質之一，但我勸各位不要服用。它的效果稍縱即逝，反而會帶來巨大傷害。

比起危險的毒品，有一種鼻腔噴霧更可靠，這是一種處方藥，通常是用來提高新手媽媽的催產素，進而分泌母乳。科學家也用這種噴霧研究催產素

14 Arthur Aron，紐約州立大學石溪分校的心理學教授。

079　　PART 1 ｜ 老闆，一杯天使特調！

技巧6：紓壓音樂

為什麼我們有時候會刻意去聽紓壓音樂？可能的原因有很多，但每一個都是好好休息的理由。你的身體可能知道，紓壓的音樂有助於自我修復。卡

的作用。它的效果目前還有爭議，但學界的共識已經逐漸傾向於有效，只是要在非常特定的情況下才有效。

只是我自己覺得，無論是搖頭丸還是鼻腔噴霧，都沒有大腦自己分泌出來的催產素來的好。當然，鼻腔噴霧對某些人可能有用，畢竟人們已經證明這種噴霧可以帶來一系列長期效果，包括降低血壓、減少皮質醇、提高抗壓能力、緩解疼痛、加快復原、強化閱讀臉部表情與判斷聲音意圖的能力、以及加強各種人際互動，例如讓人更想花時間彼此陪伴。但即使不使用藥物或醫療手段，我們自己分泌的催產素也能達成類似效果，例如跟親朋好友經常連絡，花時間陪你喜歡的人。

羅琳斯卡學院（Karolinska Institutet）的烏莉卡‧尼爾森（Ulrika Nilsson）研究發現，手術後患者只要聽了三十分鐘的紓壓音樂，體內催產素就會增加，康復速度會加快。也就是說，下次你想要降低壓力好好休息一下時，不妨打開紓壓音樂來聽，把復原的開關掌握在自己手裡。

如果你覺得紓壓音樂還不夠，就開口唱歌吧！唱歌可以刺激催產素分泌。

烏普薩拉大學（Uppsala University）的克莉絲汀‧葛蕾普（Christina Grape）團隊作過一項研究，請一般民眾和專業歌手在唱歌之後自我評估幸福程度。結果發現兩組人在唱歌之後覺得更加專注、更加放鬆；但一般民眾的幸福感與興奮感都增加了，專業歌手卻沒有。這也許是因為專業歌手注重表演成效，分泌了更多壓力激素皮質醇；一般民眾則自在地享受唱歌過程，降低了皮質醇濃度。這小小的心態差異會造成很大的影響。我自己的狀況也類似，當我認為接下來的演講一定不能失敗，我就無法享受演講過程，我的催產素與皮質醇濃度可能都明顯不同。而且根據我自己的經驗，放下執著享受過程的時候，良好的表現往往隨之而來。反而是越在意自己的表現，就越有可能在演

出焦慮（performance anxiety）和壓力的加成之下，難以享受其中的樂趣。所以我個人有個小小建議：平常就習慣盡量享受生活、享受表演的樂趣，等到真的上場的時候，你的表現就會水到渠成。

技巧 7：三溫暖

我們處於溫暖或寒冷的環境，都會分泌催產素。這乍聽之下有點矛盾，但其實是有道理的。首先，溫度提高會刺激催產素，無論是洗個熱水澡、鑽進溫暖的床、進入三溫暖室，還是在氣溫低於二十度的大風環境走進溫暖的汽車，都會感到放鬆。冷水澡或三溫暖室就是會產生這樣的效果。壓力會刺激催產素，而冰冷的水或充滿芬蘭木頭薰香的三溫暖室，顯然都能帶來一波壓力。一波冷水或一門熾熱的火，就會讓腎上腺素和正腎上腺素激增，激發身體的壓力反應，之後催產素就會跑出來穩定局勢。

你的人生，他們六個說了算！　　　　082

技巧8：感恩

感恩有一種不可思議的力量。它可以改善健康、降低壓力、協助我們從某些傷害和痛苦中復原。我想用三種不同方式談論感恩。首先討論下面這個狀況。

三個人住進同一家旅館，第一個人不懂感恩，看什麼都不順眼。她還沒走進大廳就怒氣衝天，因為在停車場找了十分鐘才找到電動車充電停車位，進門時肩膀又被旋轉門撞到，因為門轉得實在太慢。好不容易到了櫃台，前面竟然大排長龍，又讓她等了十分鐘。她一邊排隊一邊抱怨旅館的格局有多蠢、附近的小孩有多吵、她的肩膀有多疼。等到她終於拿到鑰匙，才發現電梯也壞了，她得爬樓梯上好幾層樓。她惡狠狠地低聲罵道：「這家旅館是叫人花錢受罪的嗎？」

第二個人遵循佛教的教誨，時時保持內心平靜。她跟第一個人一樣，等了十分鐘才找到停車位、撞上了慢吞吞的旋轉門、排了漫長的隊伍、最後還

爬了兩層樓梯。但長期的練習讓她完全不作評價，既不覺得是好事也不覺得是壞事。她打開房間的門，不思考任何其他雜訊，接受事物本來的樣子，她覺得這種態度很好。

第三個人來到同一家旅館，看到電動車車位就開心地雀躍了一下：「哇，這裡可以充電，我運氣真好！」她在等車位的時候，滿心期待隔天可以開著充滿電的車子上路；走進大廳的時候，她的肩膀撞到了緩慢的旋轉門，但她笑了笑，覺得這是老天爺在提醒她步調慢一點；她在排隊登記入住時，看著旅館大廳的華麗裝飾，享受著餐廳飄來的香味，欣賞身邊的藝術品、建築、色彩和家具，甚至沒有發現已經整整過了十分鐘。「抱歉讓妳久等，請問可以幫妳辦理入住嗎？」她感激地接過鑰匙，走向電梯，結果發現電梯完全不會動，但她沒有生氣，而是想到最近讀到的某本書，提到當代人都懶到一步路都不肯走。於是她笑了笑，對自己說：「好吧，剛好運動一下」，就這樣爬上了兩層樓，打開房門，發現整個假期多麼美妙。感謝催產素的支援，她一路上都充滿欣賞、感激、幸福與愉悅。

你的人生，他們六個說了算！　　　　　　　　　　084

大部分研究都顯示，只要練習用新的視角來因應環境，我們的心情就能像第二或第三個人那樣快樂。你可以練習像佛教徒一樣，接受事物本來的面貌，不思考它們是好是壞，這在快速變遷的環境中特別有用。社群媒體就是明顯的例子，人們的好惡倏忽不定，如果你在乎網友的評價，就會在收到批評時煩躁怨恨，收到共鳴時歡天喜地，每天的情緒都像雲霄飛車一樣忐忑不安，忽高忽低。這時候也許你就可以嘗試佛教徒的方法，不要把事情放進心裡。另一種方法則是像第三個人一樣，習慣尋找事情的光明面。享受拍照的樂趣，不要管其他人的反應，這樣你的情緒就不容易被別人的批評或疏遠所搞壞。

那麼第一個人呢？難道批評世界完全沒有好處嗎？我自己是認為，在你找到有任何科學研究，證實這種看什麼都不順眼的態度會帶來任何效益之前，你應該已經頭髮花白、齒牙動搖了。如果你想改善自己的生活、做出更好的決定、擁有更棒的人際關係、活得更久更健康，用中立與正面的態度看世界，會比批評來得好。

085　　PART 1 ｜ 老闆，一杯天使特調！

我花了好幾年對抗憂鬱，在對抗的過程中，我發現自己太愛批評。我總是覺得世界虧欠我，做什麼事都只看到缺點，最後嚴重影響了我的情緒。我每天都吐出負能量，讓我持續處於壓力之中，然後壓低了我的血清素濃度，最後使身體更容易發炎。催產素的問題比較沒那麼大，畢竟我跟妻子經常身體接觸，完全靠這樣的關係來維持催產素，但我也知道這種依賴對愛情中的任何一方都不好，畢竟愛情應該是無條件的彼此接受，而非單方面的索求。

我跟妻子之間沒有崩潰，最多只是因為運氣好。

在很久很久以後，我開始練習感恩。其中的一種方式是冥想，專心回憶生活中的各種人事物、回憶我自己、回憶每天的小小成就，體會其中的幸運。一陣子之後就不再需要真正動筆，只要躺在床上回憶當天的三件好事，效果就跟真正寫下來一樣好。七年之後，如今我幾乎每天早晚都繼續練習。我用大量的努力，擺脫世界虧欠自己的消極想法，看見生命中光明與友善的那一面。這樣練習至今仍不足夠，但我的生命已經充滿感恩，過去的壓力已經遠離。雖然

一 催產素的黑暗面

現實世界不是只有粉紅色泡泡。世上絕大多數東西都有黑暗面，催產素也不例外，而且我們大部分人都碰過這種傷害，只是自己並不知道。如何用催產素製造「魔鬼特調」？

我用一個虛構的公司來解釋。有一個叫做「陰險豪門」的企業，跟大部分的公司一樣分為產品研發部門和銷售部門。這兩個部門都不知不覺地用催產素的黑暗面來建立團隊歸屬感，銷售部在茶水間聊天的時候，總是說研發部是一群「冷血的工程師」、「不事生產的懶鬼」。每天都會吐槽說研發部的各個成員有多麼惡劣，甚至謠傳他們會趁公司不注意的時候中飽私囊。這些傳言未必屬實，但銷售部同仁都相當買單。產品研發部狀況也一樣，亂傳

PART 1 ｜老闆，一杯天使特調！

謠言的程度幾乎就是翻版。也許你會問，這樣的公司不會散掉嗎？答案是不會，公司營運得非常穩定。這個虛構的故事，是我根據自己待過和訪問過的所有企業整理出來的，我認為大部分的企業都用這種黑暗催產素來凝聚團隊認同，它比光明催產素更有用。但仔細想想，光是「有用」好像沒啥意義。公司同仁要的應該不只是歸屬感，而是在更舒服的環境下，產出更高的價值。「光明催產素」和「黑暗催產素」只是一種修辭方式，只是用來描述我們會用兩種完全不同的方法來分泌催產素，營造類似的認同感而已。

附帶一提，催產素沒有分顏色，也沒有分種類。

催產素也是造成種族歧視的原因之一，我們對歸屬感的強大渴望，很容易壓過各種道德和倫理觀念。被某個團體接受，比生活中大部分的事情都更重要。

下次你和親密的朋友吵架，或者與伴侶發生摩擦時，可以刻意觀察看看自己是怎麼「修補關係」的。人們在這種情況下，經常會突然開始聊起其他伴侶或其他朋友的人際關係有多糟糕，或者跟其他人相處的時候有多麼不適。

這就是下意識使用「黑暗催產素」的一個好例子，我們很容易利用貶低別人來抬高自己，藉此修復衝突造成的傷害，但這種方法很有可能帶來未來的嫌隙。比較好的方法是使用「光明催產素」：彼此聆聽、彼此接納、了解彼此的狀況、彼此尊重。如果你是管理者或領導者，請務必鼓勵你的同仁用這類方法來營造歸屬感，不要用批評其他團隊的方式分泌「黑暗催產素」。

那麼該怎麼分泌「光明催產素」？其實除了這一節以外，本章提到的所有辦法，包括認真傾聽他人、表達自己的處境、慷慨助人、表達感激、邀請對方共同參與、溫柔友善，都會帶來「光明催產素」。如果你是經理人或領導者，請你務必保持各部門之間的聯繫，不要讓它們在互不來往的情況下彼此競爭。部門之間的合作，通常比對立更有利，這樣人們才能在工作中了解其他人正在做什麼。

有一天我接到某位女士的電話，詢問她公司內部的問題該如何解決。她是瑞典某家上市大公司的人資經理，該公司各部門的經理嚴重對立，而她認為公司最近停滯不前的原因之一，就是管理團隊無法好好處理摩擦。她問我

「根據你的豐富經驗，我們公司該怎麼辦？」我在追問一些問題之後就得到了答案，「給我兩個小時，我保證關係會改善！」她不禁笑了出來，「你知道我們試過多少方法嗎？兩個小時怎麼可能會有用？」於是我解釋了催產素的那套方法，她一聽就同意。我進入她們公司，給她們安全感，然後慢慢進行，請她們逐一分享生活中遇到的重大挫折。這些經理各自以不同的方式說出了自己的困境，兩個小時之後，每個人的臉都開始擁抱，看待彼此的眼神已經與過去不同。這短短的兩個小時，使用的方法全都只是刺激出「黑暗催產素」。而分泌「光明催產素」的秘訣就是不要求快，必須給彼此夠多的時間，逐步增強聯繫。就像我一開始說的，你衝到街上隨便找個陌生人來擁抱，緊盯著對方的眼睛，問十個親密的問題，對方是不可能理你的。「黑暗催產素」就有點像這樣。有些人會用一系列微小的攻擊與支配，來貶低其他群體或其他人，藉此建立團體認同；但這只會讓他們的團體變成一群惡霸，如果你發現身邊的某個群體出現這種傾向，甚至你自己開始

做出類似行為，你可以考慮出手阻止，這樣就能防止「黑暗催產素」像病毒一樣不斷蔓延。

多年以來，我總是堅持「絕不在背後說人壞話」原則。當我跟朋友的關係陷入危機時，我會下意識地開始講別人的八卦，但我會盡量克制，通常都能克制成功。而且我認為，在背後說人壞話其實是一種警訊，當某人對我說別人的壞話，就表示他也會對別人說我的壞話，這不是人際長久之計，如果你真的看某人不爽，最好直接去找對方講開。

技巧9：說出自己的想法

最後我想說說敘事的力量如何激發催產素。我們每個人的生活都是一場冒險，一則充滿角色、挫折、成功的冒險。你的心中很可能就有成千上萬的小故事，每天都不斷對自己講述。每一次相遇、每一件令你難忘的花絮，都是一則故事。當我們聽到一則引發共感的故事，身體就會分泌催產素。當我

們聽到一則使人緊張的故事，就會分泌壓力激素皮質醇。無論是說故事的方式，還是故事的實際內容，都會影響我們的情緒。而我們選擇記憶的內容，也會改變那些記憶對我們的影響。同一個事件回憶越多次，影響就越深。如果你不斷回想那些感恩、快樂、讓你敬畏的生活經歷，你的身體就會分泌更多「天使特調」，逐漸遠離「魔鬼毒藥」。換句話說，邁向「天使特調」的關鍵，就是經常觀照自己當下的想法，意識到腦中冒出哪些故事，思考這些故事能不能帶來更好的感覺，然後停止回憶那些會帶來負能量的故事。你的大腦可能需要需要刻意練習，你可以從現在開始嘗試，並且不要放棄。你的大腦可能需要好幾個月的調適，才能自然而然地跳出那些過去與現在的正面故事。但一旦練習成功，你一定會覺得值得。

但要如何觀照自己腦中自動冒出的故事？我個人有三個建議：

1. 集中冥想，也就是把「腦中出現的想法」跟「要不要繼續思考這個想法」兩件事分開，這樣可以讓我們保有自己，不會隨著外界刺激起舞。

你的人生，他們六個說了算！　　　092

2. 練習正念（mindfulness），也就是放下其他一切，專注於你正在做的事情。當你發現自己沒有在想任何事情，甚至沒有正念的時候，你正好就處於正念狀態！當你的思緒飄忽不定，不要給自己壓力，把心找回來就可以。

3. 扮演旁觀者。我們可以假裝成別人，想像站在自己旁邊描述狀態：「你在這裡，你在閱讀，你還好嗎？目前有哪些問題？」用這類句子開始與自己對話。你的想法有些可以立刻實現，有些則需要很長時間，但無論需要多久，都是值得的。你一旦練成這種技巧，就打開了完全控制自己思想的大門。你現在就可以把本書放在旁邊，花一點點時間來扮演旁觀者，體會一下它的力量。

這些方法我都練習很久，差不多有七年了。如今我幾乎可以聽到腦中冒出的所有思緒：每一個詞、每一個人物、每一則它想讓我思考的故事。在此同時，大腦的每個反應也逐漸在我意料之中，跳出來的故事大部分我都早就

093　　　　　　PART 1 ｜老闆，一杯天使特調！

技巧10：和解與寬恕

在我傳授的上百種技巧中，最強大的絕對是「荷歐波諾波諾」

知道。有些時候它還是會冒出一些神奇的想法，這種時候我就會停下來，花點時間探索這個想法可能來自哪裡：報紙上的哪篇文章？看過的哪部電影？哪個人對我說了什麼？還是某種氣味觸發了我內心的回憶？探索思緒的源頭非常有趣，就像某種偵探遊戲，而且最後總是能找到答案。所以你大概也知道，當大腦某一天突然跑出一大堆憂鬱的想法、情緒、回憶時，我會多麼驚訝。當時我不可思議地對妻子說，「怎麼會發生這種事？我完全搞不清楚現在怎麼了，我記了筆記、畫了心智圖、研究所有可能的原因，卻依然沒有頭緒……」但我並沒有放棄。我繼續研究了兩天，讀了上百份論文，最後找到了一些關鍵證據：血清素會導致發炎，而這正是下一章要討論的主題。不過在那之前，請容我在這章的最後，講述使用催產素來改善生活的最佳技巧。

（Ho'oponopono）。這是一種夏威夷的習俗，以和解與寬恕的方式，消除我們彼此之間的愧疚與負擔。這個技巧很簡單，你只需要依序說出以下四句話：

我愛你，對不起，請原諒我，謝謝你。

我相信坐而言不如起而行，所以現在就嘗試看看吧！我們先記住這四句話，這樣之後要使用時就可以脫口而出。然後舒服地坐下來，閉上眼睛，在心裡對自己說這四句話，在心裡對那些造成正面影響（或負面影響）的人說。說完之後，也可以再對自己說一次。這四句話的力量非常強大，大概有一半的人嘗試過後都會感動到淚流滿面。你也可以在練習時播放紓壓音樂，刺激出更多催產素。對了，別忘了準備衛生紙，你應該用得上。現在就試試看吧！

我曾經有一位學員，剛上班第一年就遇到爛老闆。老闆不斷霸凌他，即使提出抗議也只會覺得到虛情假意的道歉，然後隔天繼續辱罵。每次聽到這些惡言惡語，學員都感覺胸口被刺了一下，這種疼痛不會消失，無論怎麼調適

PART 1 ｜老闆，一杯天使特調！

本章摘要

真正的「天使特調」少不了催產素。催產素給你人際相處時的親密感、安全感、聯繫感和歸屬感，讓你充滿人性光輝，修復你的傷痛。想刺激催產素，你可以用敬畏謙卑的心，在生活中發現驚奇，以感恩的心迎接每一天的全新可能。與人社交、談心、接納他人、彼此關心、彼此幫助，都能增加你的催產素；親密的接觸、體會彼此的處境，更是刺激催產素的關鍵。無論你是要與家人團聚、準備約會、還是要評估團隊的表現，都值得先分泌一些催產素，決定練習看看。之後他每次遇到老闆要橫，當天就在心裡重複這四句話，重複好幾次。三週之後，他的痛苦與負面情緒神奇地一掃而空，一個月後，無論老闆說什麼惡毒的話他都不會產生負面情緒。這樣的例子還有很多，「荷歐波諾波諾」使許多人的生命徹底改頭換面。

都只是越來越難受。直到某一天，他在網路廣播上聽到我提到的「荷歐波諾波諾」，

產素,給自己一杯「天使特調」。你可以用本章最後的方法,嘗試「荷歐波諾波諾」,或者打開手機中那些溫暖的照片,喚醒你的同理心,成為感同身受的高手。

血清素
社會地位、滿足感、保持好心情

我超愛血清素（serotonin）的！血清素提供的滿足感、安定感，能讓我知道自己不需要尋尋覓覓，就可以擁有巨大的幸福。它可能是本書討論的物質之中最難掌握的一種，但只要你耐著性子讀完本章，我保證你會有所收穫。

首先，為了整理血清素從何而來，我將再次回到石器時代，看看祖先鄧肯與格蕾絲，如何在血清素的影響下確認自己的社會地位。

一　血清素與社會地位

我們又回到了兩萬五千年前。鄧肯與格蕾絲的家庭已經發展為部落。兩

人的生活過得很好，很和諧，沒有什麼壓力。他們是部落的非正式領袖，位於社會秩序的頂端，血清素濃度很可能是全部落最高。生活中的一切美好事物：房子、食物、伴侶，他們全都有。他們也擁有全部落最精緻的皮衣，裝飾得最精美的手杖。但某一天，一切都改變了，鄧肯與格蕾絲出門時，看到一大群人正在靠近。他們三步併作兩步地跑回部落，把所有人叫起來。沒有人知道這些陌生人的來意，是一群來交流的人嗎？還是要來侵略的？這群陌生人看起來慈眉善目，但文明顯然高出一大截，他們的互動比鄧肯與格蕾絲複雜很多，很快就吸引了村民的注意，手杖雕刻得既精美又好用。陌生人拜訪部落之後，皮衣漂亮到不可思議，成為大家的目光焦點。鄧肯與格蕾絲感覺到自己的社會地位受到威脅，同時也開始擔心自己的食物、伴侶、住所。他們的壓力明顯增加，原本血清素帶來的安全感消失一空，逐漸陷入焦慮。格蕾絲變得非常沮喪，她試圖去森林散心，卻完全無濟於事。她滿心紊亂，忍不住亂扔石頭洩憤——結果扔出的石頭，竟然在另一塊大石頭上撞出了火花！等等，這是什麼？格蕾絲當然不知道自己恰巧扔出了燧石，但從沒見過

099　　PART 1 ｜ 老闆，一杯天使特調！

好啦，回來二十一世紀

科學家已經證實，血清素與社會地位密切相關。社會地位最高的人，血清素濃度也最高。他們通常氣度最大、壓力最小、最為健康，畢竟無論他們需要什麼，都不用擔心自己拿不到，但只要他們的社會地位受到威脅，甚至只是自己以為受到威脅，血清素濃度就會降低，如果開始產生壓力，就會表現出攻擊性。反之亦然，那些位於社會底層，或以為自己位於社會底層的人，

的新現象讓她腦中充滿了多巴胺。她開始拿起各種石頭做實驗，一段時間之後就找到了規律，某些石頭可以用來摩擦生火。滿心歡喜的格蕾絲，立刻跑回部落跟鄧肯說她的新發現。部落的其他成員看到火花，全都瞪大了眼睛。石頭可以生火？這是神一般的發明啊！格蕾絲立刻成為了英雄，也自然而然奪回了領袖的地位。她和鄧肯的血清素濃度再次回升，覺得世界再次安定，因為他們回到了社會秩序的頂層，食物、伴侶、房屋都無須擔心。

血清素濃度通常最低，經常處於高壓狀態之下，健康狀況也不好，以鄧肯與格蕾絲的世界為例，部落中地位較低的成員即使捉到兔子，也會擔心被其他人分走，所以總是戒慎恐懼。

世界上大多數的哺乳動物，都看得出自己的社會地位。但人類與其他動物有兩項重要差異，其中的第一項，就是每個地方都同時存在好幾種彼此獨立的社會秩序，我們跟每一群人相處時的社會地位都不一樣。

舉例來說，你一大早走進公司，就在茶水間被老闆辱罵。辦公室每個人都冷眼旁觀，你只好悶著氣咬著牙，惡狠狠地回到座位開始工作。這是因為你的社會地位受到打擊，血清素隨之下降。但六個小時之後，你下班來到當地的保齡球館，接連打出好幾個滿分三百分，成為了全館的超級巨星。觀眾的歡呼聲接連不斷，你的血清素也隨之增加，情緒得到相應改善。

生活中的每一種社交場合，都可能會改變我們的血清素濃度，大幅影響我們的心情。我們所在的地點、身邊的人、以及我們與這些人的社會地位差距，就是影響血清素的原因。

101　　PART 1　老闆，一杯天使特調！

人類與其他動物的第二個差異，則是我們眼前出現的資訊，會讓我們誤解自己當下身處的社會結構。這個差異比第一個麻煩很多，我們的大腦無法判斷好萊塢電影、Netflix節目、社群和社交媒體中的內容，是否反映了我們必須與之交流的真實環境。如果你在影視或社群媒體上，看到地球另一邊的某個人擁有更拉風的汽車、更大的房子、更多的錢、更性感的外表、更優秀的技能、更成功的職涯，你的大腦就會以為這個人的社會地位比你更高。這個人的處境與你實際上的生活很可能八竿子打不著，卻會因此壓低你的血清素濃度，增加你的壓力，甚至使你陷入極端的絕望。但同樣的機制，也經常激勵我們奮發向上。那些擁有強大自信的人，在看到其他人的酷炫成就之後，經常會燃起一股不能輸的鬥志，最後開拓出自己的一片新天地。

有時候我們可以用人類特有的功能，來緩解這種想像出來的焦慮。我們大腦的前額葉皮質（pre-frontal cortex）非常發達，使我們特別擅長調節情緒。我們用它來反思自己眼前的一切，藉此注意到社群媒體上大部分的內容都與自己無關、新聞報導的東西未必屬實，好萊塢呈現的浪漫故事大半脫離現實、

你的人生，他們六個說了算！　　　　102

一 社會地位是哪裡來的？

科學家研究靈長類動物發現，社會地位主要由力量、體型、攻擊性這類屬性決定。但除此之外，人類的社會地位還受到一系列不可思議的事物影響：除了金錢、外表、服裝、財產、年齡、我們祖先身上的手杖之外，還有更多複雜的因素。例如，我們可以展現出堅強的意志力；可以做出特定的行為、語言、肢體動作、訊號；也可以彼此合作、建立人際網絡、借名人拉抬自己

真實世界也不像 Netflix 電視劇那麼精彩。請注意我是說「有時候」。重視社會地位是我們的天性，這調節起來非常困難。有些人可以順利控制，並不表示所有人都可以，可能只表示這些人經過練習，因而特別擅長。另外，年齡也與自我控制的能力有關，前額葉皮質要到二十五歲才發育完成，年輕人即使知道社群媒體上的資訊都不是真的，心情依然可能深受影響，成年人能做得到的，他們未必可以。

PART 1 ｜ 老闆，一杯天使特調！

的身價,這些方法都能提升我們的地位。

關於社會地位以及社群媒體如何影響血清素濃度,我有相當慘痛的經驗。曾經有一段很長的時間,我嫉妒世上的每一個人,只要看到別人成功,我不光是心理痛苦,就連身體都會不舒服。當時我以為別人的社會成就,代表著我自己的無能。我現在當然明白世界很大,別人的光鮮亮麗通常與我無關,但人類天生習慣的是大約一百人的小群體,在這麼小的範圍內,社會頂層的人一定會奪走適合我的伴侶、奪走我養家糊口的機會、奪走各種讓我安詳生活的條件。如今的社群媒體上面可能有十億人,人類從來沒有接觸過這麼龐大的社交資訊,我們無論多麼清楚網路上的世界不代表真實,只要打開手機上的程式,看見別人臉上的燦爛笑容,看到那些遊艇航出豪宅快意旅行的影片,我們都會身心受創,覺得自己一無是處。像我本身就非常容易嫉妒,原因我也搞不清楚,也許這跟我之前的憂鬱有關,因為當我逐漸走出憂鬱之後,我就更有自信、更能關心自己、也更少嫉妒別人了。獲得讚美,以及在社交場合受到關注,都很可能會提高血清素濃度。我們

也可以這樣彼此互惠。血清素非常容易在社交中擴散，經常讚美你遇到的人，他們會更加愛你，也更容易給你讚美。附帶一提，讚美的力量某種程度上取決於發出者的地位。美國前總統歐巴馬這種掌握大權的人給予的讚美，與路上陌生人給予的讚美，你的反應一定截然不同。此外，讚美不是恭維，恭維會讓你的讚美逐漸失去價值，真正的讚美一定要出於真心，而且不要亂給。

既然讚美可以增加我們的血清素，那麼批評會不會減少血清素呢？我認為要討論這個觀念，就得思考一個重要觀念：自尊，它對讚美和批評的機制有巨大影響。首先我們定義一下自信和自尊之間的區別，我聽過最合理的版本，以及我自己最受用的版本是：自信是我們對各種活動的能力評估；自尊則反映了我們對自己的感覺，以及這些感覺有多強烈。如果你打了籃球很多年，技能高超，贏得許多比賽，你可能就會對自己的籃球能力非常自信。如果你的自尊穩固，你則是能夠發自真心地愛自己、不會懷疑自己是誰、喜歡自己現在的樣子。自尊穩固的人輸了一場籃球時會說「好吧，反正我已經盡力了」；自尊較差的人則可能會說「我怎麼會打得這麼爛？我根本就不該下

105　　PART 1 ｜ 老闆，一杯天使特調！

自尊的作用機制，同時影響了批評與讚美的作用，如果一個自尊穩固的人被批評外貌不佳，應該不會受什麼影響，因為他喜歡自己的樣子，而且不認為自己的價值在於外表。但這樣的人可能也不那麼在意讚美，認為讚美只是別人的看法，無論他人如何評價，他們都覺得自己很棒。相反地，自尊低落的人可能一輩子都在吸引別人的注意，他們一旦成為目光焦點，就以為自己社會地位上升，因而興高采烈；一旦成為眾矢之的，就會以為自己被打落谷底，陷入陰鬱深淵。我常覺得他們的心情每天都在坐雲霄飛車，永遠不知道隔天的世界是絕望的地獄，還是安詳的至福。

[機制1：滿足]

只要你不覺得自己的社會地位受到威脅，你通常就不會繼續追求社會地位。這種時候你會感到滿足，進而活在當下，好好享受你眼前擁有的美好東西。因此，如果你希望自己能好好享受人生，請避免與他人進行不必要的比

較，也不要無盡地追求更多。

| 機制2：好心情 |

北歐人通常在一年中的什麼時候心情最好？通常什麼時候最幸福？大部分人的答案都是春夏兩季，因為日照比較長！當然除了日照，血清素也受到運動、睡眠、飲食等其他因素影響。而且我不得不說，在本書討論的所有物質中，最能夠藉由改變生活方式來影響的就是血清素。如果你的情緒穩定而正向，生活一定會輕鬆很多，其他改變也會更加容易。所以請務必留意下列技巧，學習如何提高血清素，給自己一杯「天使特調」。

| 技巧1：培養自尊 |

首先我想來談談自己以前經常遇到的問題：低自尊狀態。每次我只要看到別人的社會地位比我高，我就陷入嫉妒，感到巨大壓力。但自尊是可以練

PART 1　老闆，一杯天使特調！

習的，有一些方法可以讓我們更不會去在乎別人的社會地位。

- 練習愛自己！愛自己跟不愛自己一樣，都是重複練習出來的習慣。既然過分重視某些事情會讓我們逐漸討厭自己，重視另外一些事情當然也會讓我們越來越愛自己，下次當你做對了事情，請立刻讚美自己。給自己一個肯定，記住自己有多棒。
- 失敗了不要批評自己！失敗沒什麼大不了，只要承認問題，從中吸取教訓就可以了。更重要的是，當你學到了教訓，請立刻給予自己肯定，不要像過去一樣繼續為難自己！無盡的自我反省只是某種膝反射，對事情根本沒有任何幫助，請改掉小時候、學校教育、或任何社會化過程中養成的自我反省壞習慣。
- 低自尊是因為習慣自我批評，而習慣批評自己的人通常也會習慣批評別人。但我們可以反過來利用這個機制，從不批評別人開始，逐漸不再批評自己。人類有個有趣之處：我們批評別人時經常不會想到對方

行事背後的原因。舉例來說，當你在路上，被一個蠢蛋用危險的方式超車，你大概會脫口而出罵對方是白痴，但當你做出同樣危險的事，你通常都很清楚自己是不得不然，例如你趕著去醫院，或者剛剛才被甩了，整個心神不寧。

- 有一個方法我自己用了很久：畫一顆心，在裡面寫上我的名字。也許你也可以試試看，如果嘗試時內心充滿衝突，可能就表示你做對了。我在淋浴時，經常會在掛滿水珠的玻璃門上畫滿愛心，寫上我的名字。愛自己是人生中最重要的事情，這會讓你的社會地位更加穩固，並且讓你不會那麼在意別人的看法。

- 練習觀想。這對增加血清素非常有效。以放鬆的姿勢坐著，平靜下來，讓呼吸又深又慢。但接下來不要像冥想那樣專注於你的呼吸，而是讓思緒自然地浮現。看著那些想法，不要去思考它們，讓各種想法接連出現，然後接連消失。你什麼都不做，只是遠遠地在旁邊看。習慣之後，你就可以把觀想的過程帶進現實之中，無論是開始擔心自己，還

是看到別人的行為，都能讓自己停止批評，任其流過。

- 設計一個制式流程，下次當你開始批評自己，立刻停下來列出三個自己的優點。
- 每天晚上寫下今天你做得很好，讓你感到自豪的事情。

我非常喜愛血清素，我愛那種正向、平衡的感覺，也喜歡滿足於當下。

我至今向近五萬人提過下列問題：「你在什麼時候會感到安詳，覺得自己完全不再需要追逐多巴胺，不再需要爭取更多東西？」來自世界各地的觀眾，答案出奇地相似：「在森林散步的時候」、「騎馬的時候」、「去海邊的時候」、「去度假小屋的時候」、「釣魚的時候」、「滑雪的時候」、「演奏音樂的時候」、「沒有責任要完成的時候」、「運動的時候」、「玩嗜好的時候」、「潛水的時候」、「冥想的時候」。這些答案的共同點就是「沒有壓力」，而且當下的活動完全不會影響社會地位。（近五萬名觀眾中，沒有任何人的答案涉及競爭）當然我們不能說這些活動都會讓我們分泌血清素，

你的人生，他們六個說了算！　　　　　　　　　　　110

但我們還是可以說，這些活動與分泌血清素的環境經常相關。

技巧2：用血清素對抗多巴胺

血清素與多巴胺的最明顯差異，就是多巴胺讓你爭取尚未擁有的東西，血清素讓你滿足於目前已經擁有的東西。這兩種狀態的功能截然不同，如果能夠掌握它們，生活就會有很大的改變。多巴胺加強你的衝勁，將你推向未來，追逐那些身心之外的東西。當你需要更多東西來滿足需求，就會分泌多巴胺，需求消失之後就會分泌血清素。食物就是一個簡單的例子，你飢餓的時候，身體就會分泌多巴胺讓你去找食物。當你開始進食，多巴胺的分泌就會減慢，血清素的分泌則會增加。這種機制叫作恆定性（homeostasis）。大腦喜歡平衡，一旦發現失衡，就會用各種方法拉回來，例如發現你餓了，就會分泌多巴胺讓你追逐食物。

也許你是一個「多巴胺人」，或者有一些朋友是多巴胺人。多巴胺人永

遠渴望新事物，動力似乎永遠不會枯竭。我自己就是這樣，我的大腦總是不斷冒出新想法，但也很快就喜新厭舊。可以說，我的大腦總是有巨大的野心，總是想要狩獵什麼東西，但世界上也有一些血清素人，你身邊可能就認識幾位，這些人滿足於當下，生活數十年如一日沒有改變。當然，「多巴胺人」與「血清素人」都是極端，許多人的狀況位於中間，有時候被多巴胺驅使，有時候被血清素安頓。目前為止，科學還不確定這種傾向到底是先天的差異，還是後天的學習。但這並不重要，因為我們的大腦有可塑性，無論血清素與多巴胺的優勢來自先天或後天，我們都可以藉由刻意練習來改變。

多巴胺人可以練習的是減少接觸刺激，降低自己的「狩獵渴望」。例如當你正在追逐一個目標，就設法避開其他目標，並且練習享受事物、活在當下、體驗生活。我自己主要用三種方法來控制多巴胺，第一種是盡量不要用「義務」來要求自己；第二種是不斷尋找緩效多巴胺，例如閱讀、釣魚、繪畫這些嗜好；第三種是透過冥想，靜坐，觀察自己的呼吸與心跳。

至於血清素人，根據我自己與這類個案的互動經驗，若是先設定一個小

你的人生，他們六個說了算！　　　112

目標來實現，完成之後逐漸擴大，往往可以提升動力，增加「狩獵渴望」。

在每個目標中設定明確的開始和結束時間也很重要。許多血清素人都安於現狀，不會想馬上動手，手上的任務也會一拖再拖，設定起訖時間可以緩解這個問題。另外，列出代辦事項也相當有用。

回顧歷史，當代的我們可能是最「多巴胺」的一代。大部分的祖先應該都是在血清素與多巴胺之間保持平衡。如果我們放任自己沉浸在多巴胺中，我們就更容易仰賴多巴胺，同時也更難享受血清素自然而然帶來的滿足與幸福。

技巧3：曬太陽

有個完全免費的方法，可以增加你的血清素。只要離開你的房間、離開你的窗戶、離開你的電腦螢幕，去外面曬曬太陽，你就會接觸到最重要的血清素泉源之一：太陽光。高緯度國家的研究發現，很多人在冬天會陷入低潮。原因不是我們更少發笑、更少社交、更少運動、或者飲食變得更糟，而是單

純的日照時間變少。日照變少的主因當然是永夜，在我們這種國家，每年都會有幾個月太陽剛升起不久，就立刻下山。此外，在這種天陰地凍的季節，我們通常都只能窩在室內。雖然寒冷並不會澆熄陽光帶來的好心情，但日照時間越少，強度越是降低，我們的心情就越是陰鬱。陽光明媚的藍天，每分鐘給你的陽光，遠比陰天更多。所以如果天氣不好，你會更需要出門散步，散步更久一點。

為什麼曬太陽之後心情會變好？因為陽光會增加血清素的含量。也就是說，如果你都不去曬太陽，你就需要用更多方法，才能讓血清素與其他人一樣多。用專業的說法，陽光會抑制神經突觸回收血清素的速度，功能跟常見的抗憂鬱藥物「血清素回收抑制劑」（Selective Serotonin Reuptake Inhibitors, SSRI）很像，當你曬過太陽，產生的血清素就能撐得更久。對大部分的人來說，偶爾一整天不曬太陽沒什麼大不了，但如果冬天連續好幾個月都沒太陽，情緒就會明顯低落，某些人甚至會因此陷入「季節性情緒失調」（Seasonal Affective Disorder, SAD），在冬天一直陷入憂鬱。我自己應對這種

情境的方式，就是記錄每天的情緒，藉此了解自己受到哪些因素影響。如果你剛好也有這樣的興趣，你一定要嘗試看看以下這個方法：記錄你每天曬了幾小時的太陽，以及當天你的心情有多好（例如1是最差，10是最好）。記錄一整年之後，你很可能會發現陽光與好心情非常相關，之後就更有動力把陽光當成每天需要的精神食糧，與早、午、晚餐一樣重要。

所以陽光是怎麼影響我們的？藉由眼睛與皮膚。我們每天眼睛看到的光線量，決定當天的血清素濃度。另一方面，實際上照到皮膚的陽光量，則決定我們的維生素D濃度。維生素D對於高齡者的健康、減少焦慮、改善心血管、維持免疫力、改善視力、保持骨骼強健都很重要。更重要的是，維生素D也會間接影響血清素的分泌。當畫短夜長，凜冬將至，我們不可能穿著輕薄的衣服讓皮膚去照射陽光，這時候額外攝取維生素D就變得非常重要。乳製品富含維生素D，額外添加維生素D的食物也不錯，如果你的維生素D來源更少，也可以考慮服用維生素D錠。

總之，散步曬太陽有益無害。無論在什麼季節，無論有什麼額外規劃，

115　　PART 1　老闆，一杯天使特調！

技巧4：調控飲食

出去走走吧！

很多人心情低落的時候，第一直覺反應就是：再來一個肉桂捲！好萊塢電影也是一樣，人們在心碎時做的第一件事，都是爆吃一大桶冰淇淋和一大堆糖果；陷入艱困處境的人，身邊永遠都有一堆披薩空盒、一堆速食包裝。

為什麼大部分的人陷入負面情緒的時候，都會去吃不健康的食物？

其中一個重要原因，就是碳水化合物會間接刺激我們分泌色胺酸（tryptophan），色胺酸是生產血清素的原料之一，我們吃下越多碳水化合物，就分泌越多色胺酸，讓大腦獲得更多原料去製造血清素。下次你可以注意一下，當你開始狂吃碳水化合物的時候，心情是否相當鬱結或沮喪？這時候你的色胺酸很可能不夠。這不是好事，一旦陷入低潮，就請你盡快解決，心理失衡的時間越久，就越難控制、越難復原。

你的人生，他們六個說了算！　　　　　　　　　116

所以到底什麼是色胺酸？色胺酸是一種胺基酸，是合成血清素的元件。

我們從飲食中攝取色胺酸，如果攝取得不夠，血清素的產量就會降低。火雞、雞肉、鮪魚、綠香蕉、燕麥、起士、堅果、雜糧、牛奶都富含色胺酸；市面上也有販賣色胺酸的營養補充品。但在服用這類營養補充品之前，請務必先諮詢你的醫生。如果你已經在服用其他藥物，尤其是抗憂鬱劑，更需要先透過諮詢。

說到飲食，還有另一個有趣的小知識：我們體內90%至95%的血清素都在消化道中。長久以來，人們一直以為腸道中的血清素和大腦中的血清素彼此獨立，因為血清素不能穿透血腦屏障（blood-brain barrier）。但凱倫—安妮．諾菲德[15]等人在二〇一九年的有趣研究表示，兩者之間可能有關，可以藉由迷走神經（vagus nerve）調節。過去幾年有大量研究顯示，體內的微生物生態、

---

15 Karen-Anne McVey Neufeld，麥克馬斯特大學腦腸體研究所（BBI）研究員，專事神經科學、胃腸病學和精神病學研究。

以及腸腦軸線（brain-gut connection），從中樞神經至腸道的神經網絡）會影響心理健康。這些論文相當難懂，但結論卻都很簡單：飲食會直接影響心理。既然如此，該吃什麼才能保持心理健康？答案是盡可能多樣化。消化道中的各種菌群，分別需要不同類型的食物，有益的菌群越多，你的心情就越好。服用益生菌沒有任何壞處，雖然臨床效果有限。盡量少吃速食、加工食品、精製碳水化合物、白糖；盡量多吃水果、蔬菜、全穀物之類的粗製碳水化合物。這裡又要回到血清素低落的恐怖影響：心情一糟，我們就會想去吃精製碳水化合物；同時也可能攝入更多人工甜味劑阿斯巴甜，後者相當糟糕，因為人們已經發現，阿斯巴甜會降低血清素濃度，同時降低多巴胺和正腎上腺素。這些激素越少，我們心情越糟，吃下的壞食物就越多，真是糟透了。

我個人建議，下次當你想伸手去找精製碳水化合物時，請在腦中響起警鈴，並練習及時阻止。不要讓自己像電影裡的殭屍一樣，被本能驅動去購買零食、糖果、汽水。一旦你能夠識別自己的殭屍衝動，就可以用其他食物來平息食慾。以我自己而言，心情糟糕的時候通常都去吃胡蘿蔔、堅果、純度

你的人生，他們六個說了算！　　118

86%的巧克力、甜豌豆。

技巧5：正念

這個詞你可能早就聽了五百萬次，但正念（Mindfulness）的力量真的無遠弗屆。它需要長期練習，一旦練起來就能帶來大量滿足，我知道很多人光是掌握這個技能，就完全改變了他們的生活。正念是多工的相反，當我們同時做好幾件事，我們身體與心理的注意力就一直分散，能量永遠無法集中在當下。但多工也有多工的用處，它讓我們能夠同時處理好幾項任務，滿足很多項需要同時滿足的標準，而這至少是某一種成功。多工真正的缺點，是它讓我們無法活在當下，而活在當下非常重要。我不得不說，好好地感受當下的一切、專心體會手頭上的事情，比帥氣地同時解決好幾件事重要多了。一旦離開了當下，我們就無法真正了解周圍的世界。

日常生活中有很多時候會陷入多工，烹飪就是其中之一。那些能夠一次

處理很多工作的人，往往難以一步一步好好做飯，他們會一邊煮湯，一邊洗碗，一邊整理廚房抽屜，一邊準備隔天的便當……最後每件事都做好了，卻完全感受不到任何樂趣。每次說到這個，我就想到一位典型的義大利人，他把廚房當成聖殿，像膜拜一樣處理每個步驟，專心處理眼前的工作，不要去想別的，將烹飪變成一種享受。

認識新朋友的過程也是很好的例子，那些認真對待每個新朋友的人，會提出很多問題，深入了解對方，理解對方的喜好與處境，而且對方也能感受到這樣的熱情。我相信你一定遇過這樣的人，而且一定相當清楚被認真對待的感覺，與那些社交場合心不在焉，從眼神、對話、到身體都不知道下一秒要飄去哪裡的人差多少。

我們的情緒主要來自兩種東西：內在的思想，以及外在的感官經驗，也就是眼耳鼻舌身。所有的感覺都會刺激我們分泌血清素、內源性大麻素、多巴胺等化學物質。也就是說，只要有意識地體驗你的感覺，就能充分了解哪些化學物質引發了怎樣的情緒。

正念就像很多技巧一樣，都可以透過練習逐漸精進。而且這種練習隨時隨地都能開始。例如現在，試著放慢閱讀速度，享受剛剛吸收的知識，體驗周遭環境的溫暖和舒適，抿一小口咖啡。很好，這就是正念練習，你的大腦開始學會把注意力集中在當下，好好感受現在的情緒。要持續練習，你可以每天選擇關注一種特定的感覺。例如週一關注氣味，故意去聞香蕉的味道、壁紙中膠水的味道、聞你自己的皮膚、注意路人經過之後空氣味道有何改變等等。

如果眼耳鼻舌身都已經充分體驗過，你也可以嘗試一些全新的挑戰，這些挑戰來自感官科學的最新發現：你可以試著關注壓力、溫度、肌肉用力的程度、疼痛、平衡感、口渴感、飢餓感、時間感。

也許你會覺得這樣的生活是浪費時間，畢竟效率實在太過重要。或者你可能會懷疑大腦不可能真正一次只做一件事。沒錯，這些概念都不是非黑即白，而且沒有人的大腦能夠在週間連續快速多工運轉五天之後，週末毫不費力地立刻切換成全心專注的正念狀態。這種人即使存在，也是極少數的例外，

不值得參考。我們真正該學的是保持平衡。即使是工作，也不需要全速運轉，可以將速度減半，學會偶爾活在當下，只關注眼前的事情。事實上，正念對工作也很重要，每一位同事、每一件好好做完的小事、發生的每個情緒都值得好好撥出時間去體驗。那才是活著的意義。

我自己到目前為止最常用的技巧，就是每年夏天前往阿比斯庫[16]。阿比斯庫絕對是瑞典最美麗的地方之一，每次到了那裡就很容易放空。我會關掉手機，一個禮拜之後就完全慢了下來，之後整個夏天的心情都能保持正常。如果沒有這麼做，我的大腦可能要花四至五週才能放鬆，然後剛放鬆沒幾天又要全速運轉。同理可知，如果平常要在週末休息，我會從週五午餐時間開始就刻意放慢，當天下班之後進行半小時的冥想。而且最重要的是，週末絕對不要帶手機，這樣才能真正脫離多工狀態，回到當下。

技巧6：關注腦中出現的想法

我知道我說了很多次，但下面這件事太重要了，所以還是重複一遍：事件的記憶可以引發與事件本身相同的情緒。過去的事件刺激我們分泌哪些物質，回想這些事件就會分泌類似的物質。這個觀念之所以重要，是因為我自己遇到的大多數人都不會選擇自己的想法，只是不斷由周遭環境與每天遇到的事物，來擺佈自己。但社會中發生的事情大部分對我們都是有害的，好消息傳播的速度總是比壞消息慢；休息時間的閒聊通常都是抱怨而非新點子，因為抱怨比較容易引發同理，也比較容易吸引關注，在社群媒體上的人，則是每個都活得像是超級巨星。大部分光鮮亮麗的自拍與成就，很可能都刻意美化過，但我們的大腦無法自動篩選，甚至反過來相信自己必須把99%的

16 Abisko，位於瑞典北部，被稱為世界上最容易看到極光的小鎮，擁有北歐斯堪地納維亞半島最清澈的天空，一年兩百一十二個晚上有一百五十九個晚上看得到極光，機率高達75%。

123　　PART 1 ｜老闆，一杯天使特調！

技巧7：運動、飲食、睡眠、冥想

運動、飲食、睡眠、冥想都是增加血清素的好方法。但因為這四個方法本身就能夠組合出一套完整的「天使特調」，所以我決定之後花篇幅詳述。請參閱199頁的〈天使特調的基底〉。

時間拿來跟河道上的那些功成名就相比，最後的結果就是過度自我批評，把自己越搞越糟。請停止這種行為，經常關注自己腦中出現什麼想法，設法趨吉避凶。這是好好做自己的必要條件，也是開始控制情緒與感受的第一步。當你養成習慣，你將立刻了解一切有多麼美妙，多麼平衡。

技巧8：壓力控管

這個技巧比較不是為了增加血清素，而是靠著減少慢性壓力，間接維持

血清素平衡。它雖然沒有直接調控血清素，威力卻可能比本章的其他技巧都更強大。為什麼呢？我們先來看看血清素失衡的幾大常見原因：

- 慢性身體疼痛
- 引發強烈痛苦的事件，諸如霸凌、失去親人
- 身體不適
- 發炎
- 負面思考
- 營養不良，例如色胺酸不足
- 腸道菌叢不良
- 缺乏運動
- 缺乏陽光

有趣的是，上述原因一半以上都會帶來壓力。身體疼痛會帶來壓力，痛

本章摘要

在多年研究自我管理之後,我慢慢發現知足與和諧是保持身心健康最重要的基礎。愉悅、愛、動力、獎賞、興奮、覺醒都能夠帶來正面情緒,但都苦的感覺會帶來壓力,疾病會帶來壓力,發炎會對身體造成壓力,負面思考也會帶來壓力。我在教學的這些年裡遇到許多學員,他們在失去親人之後有立刻陷入谷底,而是在兩到三個月之後越過越糟。如果你連續好幾個月甚至好幾年處於壓力之中,可能就會陷入類似的困境,甚至罹患憂鬱症。而且奇怪的是,影響血清素系統的藥物明明可以幫助大量憂鬱症患者,但血清素濃度與憂鬱症之間似乎沒有關係。這點一直是個未解之謎。無論如何,但人心中暗藏不去的陰霾是對身心健康最糟糕的影響之一,它就像我們每個人心中暗藏的黑暗力量,可以造成最大的心理傷害。接下來我們會進一步討論壓力和皮質醇,但在那之前我想先總結這一章。

倏忽來去稍縱即逝；只有知足和諧能夠持久。當然這不表示短暫的快樂並不重要，我們應該經常體驗那些刺激的美好，但除了頂級雲霄飛車之外，也要有長期穩定的日常生活。當我們掌握自己的血清素濃度，「天使特調」就有了穩定基礎，即使快樂的瞬間結束，我們依然神清氣爽。所以要怎麼穩住血清素呢？避免長期處於壓力之中、運動、冥想、獲得充足的陽光、健康的飲食、建立自尊、不要一直追求刺激、不要整天處於多工狀態、感受當下練習知足。

皮質醇
專注、興奮、或恐慌？

壓力未必不好。我們先來看看它的三種主要成分：皮質醇、腎上腺素、正腎上腺素，然後討論當你在路上遇到一隻劍齒虎，或大鳴喇叭衝過來的汽車時會發生什麼事。

皮質醇可能是我們體內最重要的激素。遇到壓力時，腎上腺會分泌皮質醇到血液中，使身體釋放大量葡萄糖，供給應對壓力所需的能量。皮質醇平常也非常重要，它調控血糖來控制免疫反應，平衡發炎時的免疫活性，擁有短期的消炎效果。

至於腎上腺素則會加速心跳，使血液流向肌肉（所以在高壓時會忍不住顫抖），並放鬆呼吸道吸進更多空氣。肌肉獲得更多氧氣之後，拳頭打人打

得更痛，腿也跑得更快。

那麼正腎上腺素呢？它能增強認知能力，提升你的注意力。

這三種激素加在一起，就可以啟動人類與生俱來的三種行動模式。暫停、戰鬥、逃跑（flight, fight, or freeze）。當劍齒虎在前方瞪著你，你會先停下來觀察情勢，然後朝正確的方向拔腿快跑，人類這個物種就是這樣一路活下來的。

還記得兩萬五千年那位摘蘋果的祖先鄧肯嗎？飢腸轆轆的他出門尋找食物，但除了多巴胺以外，皮質醇也幫了很大的忙。皮質醇可以讓我們踏出門口採取行動，從一種狀態移動到另一種狀態。它在體內引發不安，使你焦慮，讓你迫不及待想要改變。當鄧肯醒來意識到肚子很餓，皮質醇讓他決定起床找東西吃。他開始行動之後，多巴胺就出現了，讓他想要立刻完成目標。皮質醇造成的改變加上多巴胺帶來的想像，把鄧肯從舒適的乾草床上踢了下來，跋山涉水來到蘋果樹下，找到想像中的美味蘋果。這兩種激素帶來的力量，剛好就是生

129　　PART 1 ｜老闆，一杯天使特調！

命中最大的兩種動力：避苦求樂。皮質醇避苦，多巴胺求樂，前者通常告訴我們「該做什麼」，後者通常讓我們「想做什麼」。兩種力量都會讓我們付諸行動，但過程中的感覺完全不同。「我想去散步」可不等於「我必須去散步」；「我想去工作」跟「我得去工作」更是天差地遠。這就讓我想起一個好用的心理技巧：只要我們能把「該做的事情」重新定義為「想做的事情」，大部分的問題都會簡單許多。

我們可以把壓力當成「你想要的未來減掉你擁有的現狀」。如果你體重過重，而且每天都為此哀嘆，可能就會因此獲得動力開始健身；但也會因此無法達到最佳的健身效果。但如果你能將目前狀態帶來的不滿，轉化為運動時的某種正向情緒，夢想的體重就會成為慾望的目標，使你奮鬥不懈。

多巴胺與皮質醇之間的愛恨情仇，是讓人生得以精彩的原因之一，但當然也會帶來代價。大自然在演化出這種機制的時候，不可能知道人類會快速創造出一大堆完全不必要的全新壓力來源。所以現在我們就碰到了下面這些事：

- 新聞報導充滿各種負面觀點，大半報憂不報喜。
- 精製糖產物一吃下去血糖就爆高。
- 社群媒體控制我們的思想。
- 社群媒體充斥著社會結構的扭曲結果，讓我們以為自己一無是處。
- 商業界經常用最後期限施加壓力。
- 重視績效而非幸福。
- 重視結果而非過程。
- 城市的噪音很吵。
- 城市或主幹道旁，都充斥各種讓人不舒服的汙染。
- 大部分人都找不到生活的平衡。
- 孩子沉迷於3C產品之中。
- 我們自己也一直低頭滑手機。
- 我們變成了「直升機家長」，教出了一堆吵著要糖吃，卻不懂互助的巨嬰。

抱歉列了一連串讓你備感壓力的事實。但這些事情在兩萬五千年前幾乎都不存在。當時的祖先會擔心生病或受傷，但相比之下他們的壓力來源比我們少非常多。當代人們常說：「生活這麼美好，為何大家卻過得這麼糟？」答案就是皮質醇一直搶走我們的注意力，多巴胺給予無窮無盡的新誘惑。

不過我要澄清一下：一定程度的壓力令人愉快，而且非常酷！壓力可以讓我們精神抖擻，感覺到自己的生命，血管中跳動的血液。生命中最美好的事，不就是各種興奮與想望嗎？正腎上腺素帶來的全神貫注，有時候會讓我

- 手機一直跳出通知，你看，又一封！
- 期待每個人都二十四小時隨時待命。
- 孤獨、沒朋友、提不起勁社交。
- 提不起勁出門散步。
- 退休金不夠，擔心老而無依。
- 一堆酸民言論搶走了鎂光燈。

們感到所向無敵；腎上腺素則在我們挑戰極限鍛鍊身體之前,讓全身上下感覺無堅不摧充滿活力。大部分喜愛跳傘的老鳥都會說自己刻意追求壓力,畢竟腎上腺素爆發的感覺太讓人上癮,甚至會讓他們為此不斷縮小傘面,不斷嘗試更危險的跳傘方法,適量的壓力絕對能讓你的生命更完整,能量更豐沛。

我自己控管壓力的方法是洗冷水澡,冰冷的淋浴能帶來很真實的壓力,禁食也會對身體和大腦造成壓力,產生類似的效果。完全沒有壓力的生活,我絕對無法接受。但另一方面,我也絕對不想要被迫處於壓力之中,無論壓力是強烈難耐縱即逝,還是輕鬆但揮之不去。麻煩的是,儘管我們拒絕面對,甚至拒絕承認,我們依然大半時間長期處於壓力之中。這其實很不健康,會帶來各種身心傷害,例如:

慢性疼痛、腸胃問題、心血管疾病、記憶障礙、生命毫無熱情、體重過重、失眠、昏睡、不斷感冒、免疫力降低⋯⋯

也許你會覺得奇怪,我剛剛不是說皮質醇會強化免疫力嗎?其實不太一樣,我是說皮質醇會暫時強化免疫力。如果壓力揮之不去,我們的免疫力就

133　　PART 1　老闆,一杯天使特調!

不會增加，反而減少。接下來的這節相當重要，因為我要分享科學的新發現，那就是「皮質醇會影響血清素」。

每個人應該都知道，身體受傷時會發炎，受傷部位會紅腫。這是因為傷口會分泌發炎細胞激素（pro-inflammatory cytokines，一種讓細胞彼此溝通的物質），刺激免疫系統分化白血球，並前往受傷部位。這些細胞激素會使其他細胞將血清素的前驅物色胺酸，轉化為犬尿胺酸（kynurenine），而犬尿胺酸之後會轉化為喹啉酸（quinolinic acid）與犬尿喹啉酸（kynurenic acid），兩者都有神經毒性，會傷害大腦，所以長期發炎可能會導致情緒低落。但接下來的部分更重要，除了身體受傷之外，心理壓力與身體壓力也都會造成發炎。心理壓力甚至會以某種目前還不清楚的機制，導致輕微的慢性發炎，降低我們的血清素濃度。

到目前為止都還聽得懂嗎？那麼你應該已經發現，長期壓力會降低血清素濃度，危害心理健康。壓力造成發炎，不但搶走色胺酸讓血清素越變越少，還把原料送去製造具有神經毒性的物質！但奇怪的是，為什麼身體會把珍貴

你的人生，他們六個說了算！　　　134

的色胺酸用來促進發炎反應,而不是合成血清素?答案很簡單:撐過眼前的危機,遠比維持情緒穩定更重要。而這也告訴我們一個教訓:如果想要維持血清素的長期穩定,就不要處於慢性壓力之中。

所以慢性壓力到底是什麼?我們可以說慢性壓力就是持續處於緊張、無法光靠休息就放鬆的狀態。不同研究所謂的「慢性」條件各不相同,但據我所知,平均約在一到四個月之間。也就是說,如果你連續四個月來一直覺得自己被劍齒虎追著跑,你就屬於處於慢性壓力之中,請設法解決。

也許有人會說,他們承受壓力好幾年了,根本沒有任何問題,我在胡說什麼?很抱歉,他們的問題很可能只是還沒爆開,甚至還沒看到跡象而已,而不是不存在。

兩年前我就陷入了慢性壓力之中。那年一月乍看之下非常正常,我在世界到處旅行,大概演講了二十五場,也參加了許多訪談、錄音之類;有一週我甚至在七天之內,先後前往兩大洲的六個國家。這種節奏我很熟悉,內容滾瓜爛熟,沒有感到太大壓力。但大約一個月後,Covid-19 改變了一切。短

135　PART 1 ｜ 老闆,一杯天使特調!

短一週之內，所有邀請全都取消，整個十人團隊的收入瞬間消失。但這類場面我之前也碰過，所以覺得兵來將擋水來土掩。我在一週之後開始重組業務，全力轉向社交媒體，在 HeadGain.com 推出線上培訓課程，同時打造數位錄音室。當時視訊會議和數位講座都還很罕見，市面上沒有現成的專家可以諮詢，我們也從來沒有碰過，所以只能從頭開始，不斷摸索反覆試錯，最後花了十萬至二十萬歐元，在六個月之後完成轉型。但我相信這一切都值得，我不想像當時許多人那樣放慢腳步，而是要像過去一樣全力以赴做好準備，希望在疫情結束之後，事業能比之前更強大。

我們的成果非常優異。整個夏天的轉型速度很快，只要一切照常，就能在秋季之前推出大量新產品和服務，把整個公司救起來。但在短短兩天之內，我卻接連遇到兩場從未預見的災難，打亂了所有規劃。

第一場災難發生在六月初。我兒子衝進辦公室大叫：「媽媽跌倒了！」我放下一切奔出門外，看到瑪麗亞躺在門口的樓梯上。她的嘴唇開開合合咕噥著什麼，我聽了好幾次才終於聽懂：「我中風了。」我頓時陷入恐慌，淚

流滿面，一邊叫救護車一邊不知接下來該怎麼走。醫護人員什麼也沒說就把她送進醫院，我則被COVID的防疫需求擋在門外。過了不久，手機突然出現一通未知來電，可能是醫院打來的。我當時覺得這一定不是好消息，只能愣在當場瞪著手機，遲遲不敢接通。然後過了不久，同樣的號碼再次打來，短短的間隔漫長地像是永恆。電話的那一頭說瑪麗亞的中風可能是COVID引起的，沒有大礙，但可能需要很長時間恢復。

屋漏偏逢連夜雨，兩天之後另一場災難發生了。我有個好朋友（這邊就叫他柯特好了）一直在幫我管理公司財務。但當他解釋我們公司的COVID薪資補助被政府拒絕之後，我突然發現原來柯特掏空了整個公司。我一開始只是致電瑞典經濟區域發展署，詢問發生了什麼事，對方卻說我們的公司從未提出申請。我覺得這太詭異，於是立刻調查，結果發現柯特徹頭徹尾騙了我。簡單來說，我原本以為自己是一家蓬勃發展、運作良好的企業，但在短短三天的調查之後，我發現我們已經失去了營業執照，銀行帳戶也幾乎全空，你無法想像我的壓力有多大。

137　　PART 1 ｜ 老闆，一杯天使特調！

我只剩下兩個選擇：加倍努力工作解決問題，或者失去至今累積的一切。我的戶頭沒有存款，應急資金全部用光，公司掛在生死邊緣。賺錢的機會不知道在哪裡，妻子又中風了，我只好把自己當好幾個人用，親手包辦公司線上轉型的所有設計、實作、記錄。

瑪麗亞中風隔天，瑞典一家相當成功的培訓公司Framgångsakademin預定要來我家採訪，花一整天拍攝我們的全新數位課程。我該怎麼辦？該打電話取消採訪嗎？不行，我只能硬著頭皮繼續前進。我讀過的所有自我調控和壓力管理技巧，都不足以因應眼前的危機。我卡住了，即使冥想、運動、設法好好睡覺，最後也只解決了當下的問題，不久之後就陷入慢性壓力之中。她中風兩個月後，我在八月出現腕隧道症候群[17]，從肩膀一路痛到手指。眼睛也出現虹膜炎，表示免疫系統開始攻擊我自己。當我最需要的是解決公司的危機，為家裡賺到收入時，這些事情全都額外加在我身上。最後我強迫身體硬撐，壽命大概縮短了好幾年。

二〇二二年二月，瑪麗亞在強大的自我調控之下幾乎完全康復。這段過

程非常艱辛，我對此極為敬佩。至於我公司的問題，則在員工與四位朋友的幫助下，於前一年的暑假期間成功解決，我的健康也回到正軌。到了十一月，我們重新拿到了營業執照，推出線上課程平台 HeadGain.com 包含之前的所有課程、五百部影片剪輯、以及足以寫滿三本書的文字內容。到了隔年二月，網站已經吸引全球一千多位使用者，並在一年之內於社群媒體爆紅，YouTube 粉絲從五千名增加到二十萬，Instagram 也從五千名增加到了十四萬五千，抖音從零增加到了二百萬，成為瑞典第七大的網紅。我們打造了全球頂級的數位工作室，隔年二月更前往美國谷歌進行一場大型的敘事技巧演講，吸引到大量生意機會，美國的資源多到瑞典人一輩子都無法想像。

沒錯，二○二一至二○二二年成為我一生中最糟也是最好的一年。艱鉅的挑戰讓我學到很多。但我也承認如果沒有這些自我調控技巧，我應該早已

17 Carpal tunnel syndrome，縮寫：CTS，手上的正中神經在經過手腕處，會穿過由腕骨與韌帶圍成的「腕隧道」，受到位於神經上方的韌帶壓迫所造成的臨床症狀。

崩潰。

有一個美妙的譬喻：自我調控，就像是在照顧花園。你是一名園丁，你的身心是一座美麗的花園，種滿了各種花朵。你可以想像玫瑰代表血清素，鬱金香代表多巴胺，睾固酮、雌激素、黃體素全都有自己的花朵，催產素是一朵修長挺立的向日葵，你對這座五彩斑斕的花園非常自豪。直到某一天，你在修剪玫瑰花叢時，一滴雨水落在你的手臂上。「啊，終於下雨了！」你微笑著走進屋內，站在窗邊喝茶，看著大雨傾盆灑滿了你的花園。

大雨讓你相當欣慰，百花需要雨水的沖刷，就像我們的身心需要不時承受少量壓力。但不久之後，你發現這場大雨似乎不會停止，甚至可能連續下個好幾週。一個月之後，你的花園已經從一片良辰美景變成遍地死寂。所有的花都被沖落，掉在地上成為腐臭的爛泥，整個窗外一片棕灰泥濘。這就是長期處於慢性壓力的結果，本書提到的六種神經物質，全都會直接或間接地被慢性壓力影響。只要被壓力壓得夠久，我們就記不得自己的最佳狀況，甚至遺忘了正常的模樣。

你的人生，他們六個說了算！　　140

而且你知道人們遇到這種事情的時候，通常都會做哪些事嗎？購物、旅行、吃美食、看電影、重新裝修房子。這些方法當下都會改善心情，但結束之後就會立刻回到壓力和負面情緒之中。這就像是園丁看到大雨打落了花朵，就趕緊去種新的玫瑰、新的鬱金香、新的木槿。花園暫時恢復了顏色，但永無止境的雨水很快就會再次把顏色帶走。

真正要讓花園恢復生機的方法就是減少雨量，也就是減少長期的負面壓力。負面壓力一旦減少，花園就會自己恢復生機。當太陽探出頭來，花壇的泥濘就會變回沃土，當大半都是晴天只有偶爾飄過幾朵雨雲，你的花草就會一株株冒出新芽。你也不需要慌慌張張地在花園裡東護西顧，只要站在窗前看著，花園裡的一切就會再次鬱鬱蔥蔥。花園是這樣，人生也是一樣。

我經常遇到低潮的人，他們常說自己失去了最基本的幸福，或者總是下一步就要沮喪。碰到這種人，我通常都先請對方列出目前的負面壓力，然後設法逐步減少這些壓力，直到壓力小到似乎可以控制或者完全消失。其中有些人聽了我的建議之後，做出了相當激進的決定，例如從城市搬到鄉下；也

PART 1　老闆，一杯天使特調！

有一些人從微小的壓力源開始處理，例如面對累積已久的舊衝突。你有沒有想過，許多負面壓力都並非來自外在事實，而是來自我們心中的詮釋方式？當然，前面提到的發炎、城市的喧囂、以及各種神經毒素都會造成壓力，但其實最大的壓力往往來自我們對眼前事物的看法。換句話說，一旦能夠調控自己觀看的視角，就能夠擺脫生活中大部分的負面壓力。當然，這種訓練相當困難。但一旦練成，效果絕對驚人！

多倫多大學的瑪琳娜・科拉桑托[18]和劍橋大學的埃馬努埃萊・費利斯・奧西莫[19]研究發現，發炎會導致憂鬱，許多憂鬱的臨床患者身體也會發炎。仔細想想這相當合理，我在自己與學員身上也發現，感冒經常會讓我們陷入憂鬱。畢竟感冒時體內都在發炎。當然，發炎本身不是壞事，它是一種非常重要的防禦機制，是為了消除體內的有害微生物、清除死亡細胞、修復受損組織、遏制感染。發炎真正的問題在於持續太久，慢性壓力就是這樣，長期的輕微慢性發炎擾亂了體內化學物質的分布，變成了「惡魔毒藥」。

避免這種惡性發炎的最佳方法，就是養成良好運動習慣、健康飲食、減

技巧1：壓力地圖

我在本書剛開頭曾提過，壓力地圖是我在對抗憂鬱症的時候，最早設計出來的重要工具。這個工具的點子來自引導我自我管理的妻子瑪麗亞。二〇一六年，我整個夏天都躺在床上哭泣不止，什麼事情都提不起勁，對任何東西都沒有興趣，連吃飯都覺得毫無意義。我總是陷入無法控制的黑暗之中，除了哭泣之外什麼都做不到。當時我們經營一家夏季咖啡館，請我最喜歡的

18 Marlena Colasanto，臨床兒童和青少年心理學家，多倫多大學應用心理學博士。
19 Emaluele Felice Osimo，現為 MRC 倫敦醫學科學研究所研究員。

少生活中的負面壓力，不要讓身體以為它永遠都在被劍齒虎追著跑。我們現在了解了壓力的本質，以及正面與負面的各種影響。下一步則是學習如何減輕壓力，以及如何在必要時刻主動製造壓力。

143　PART 1 ｜老闆，一杯天使特調！

歌手卡容薩斯蒂娜‧克斯特羅姆[20]來唱歌，我走出屋子，站在很遠的地方去聽，躲開所有人的視線，但也變得什麼都沒有感覺。八月初的某一天，瑪麗亞過來坐在我的床邊對我說：「大衛，把事情交給我吧。我可以照顧三個小孩，可以做飯，可以打掃家裡，可以處理咖啡館、生意、農舍、和我們的員工。都讓我處理就好，你什麼都不用擔心。」她起身離開時我不覺得什麼特別，但我的淚水卻在大約一週之後停了。四週之後我的身體變得輕盈，那些離開已久的動力紛紛回來。瑪麗亞撐起了我擔心的東西，不讓雨水繼續擊打我的花園。於是我的壓力消失了，黑暗奇蹟般地離開，讓我可以重新開始工作。

當然，也許真正明智的做法，是先花一兩年的時機完全恢復正常，而且我在哥德堡的某次演講中被聽眾糾正了細節，嚴重打擊自信，我再次陷入身心俱疲。但這第二次的教訓告訴我，我必須克服這種縈繞不去的黑暗情緒。於是我設計出了壓力地圖。它用起來非常簡單，無論你是否覺得目前的生活壓力過大，我都建議你嘗試看看。

步驟一：將壓力來源全都列出來。

步驟二：評估每項壓力來源分別屬於「可以消除」、「可以因應」還是「不知道該怎麼辦」。

如果某項壓力來源可以直接避開或直接移除，請將其列為「可以消除」。

如果某項壓力來源，可以在你使用自我管理的技巧之後，逐漸不再造成壓力，請將其列為「可以因應」。

如果某項壓力來源你目前完全不知如何解決，請將其列為「不知道該怎麼辦」。

「可以消除」的壓力來源可能類似下面十種：

20 Cajsa-Stina Åkerström，瑞典創作型歌手、畫家和作家，第一張專輯由 Warner Music 在一九九四年發行。

- 與那些一直讓你懷疑自己的親戚朋友切斷關係。
- 戒菸或戒酒。
- 關閉智慧型手機上的通知。
- 賣掉那些幾乎沒用到,卻需要付錢維持的東西。
- 換新工作或新部門。
- 刪除那些讓你懷疑自己的應用程式。
- 不要趕場。每次會議之後永遠給自己一點喘息的空間!
- 在最後期限之間留下空隙。
- 不要把別人的責任扛到自己肩膀上。
- 不要承接太多職位,無論是董事會還是當地社區的發展委員。

「可以因應」的壓力來源可能類似以下十種:

- 和伴侶在某些事情上有分歧。解方:接受彼此的差異。

- 人際衝突。解方：將其視為成長的機會。
- 目標設定太大。解方：將其分拆為階段性目標。
- 流程跟環境充滿各種瑕疵。解方：重新盤整大局。許多瑕疵很可能根本不重要。
- 不斷自我批評。解方：跟自己玩個遊戲，每次自我批評，就想出三個自己的相關優點來駁倒這些批評。
- 無法享受當下。解方：移除一些速效多巴胺來源。
- 欠缺自信。解方：設定一些小挑戰，每完成一個就犒賞自己一下！
- 失眠。解方：用本書〈天使特調的基底〉那章的八個技巧來改善睡眠品質。
- 覺得無路可出。解方：翻到本章的技巧8，你以為的很可能都是幻想。
- 負面思考。解方：翻到本書「天使特調與(魔鬼特調)」的技巧部分，練習如何專心解決問題。

可以消除	可以因應	不知道該怎麼辦

「不知道該怎麼辦」的壓力來源：

這類壓力來源因人而異,很難舉例,但它們還是有共通性。

一個問題會對你造成壓力,通常是因為你沒不知該怎麼辦,有勇氣解決它,或者缺乏解決所需的工具。但無論乍聽之下多麼荒謬,世界上99%的問題其實都有解。有些問題可以正面解決,有些問題則只要換一個角度來思考就不再是問題。我自己經常遇到的,「不知該怎麼辦」的壓力來源是害怕衝突,而我解決的

方式是把範圍縮小，一次只處理一項分歧。另一個我「不知道該怎麼辦」的壓力則是不敢大方做自己，解決的方式是「改變問題的焦點」，我擔心「成為出頭鳥」而且不知道該怎麼辦，所以把它改成「該如何激勵他人」。這讓我獲得了動力，生活也有了巨大改變。

技巧2‥冥想

有時候我的授課時程排得很緊，例如必須搭直升機、轉計程車到會場，然後在上場之前只剩五分鐘的時間。在這種時候，我不會把時間拿來複習演講內容，而是淨空腦袋開始冥想。冥想有很多好處，但這種時候最重要的是它可以減少你的皮質醇，讓你的思緒更清晰，更能掌握自己的情緒。冥想五分鐘之後，我睜開眼睛，別上麥克風，走上講台，輕鬆地把一切都握在掌控之中，而且不會被情緒追著跑。如果你想了解冥想的方法，可以參照本書207頁的〈天使特調的基底〉。

技巧3：催產素

我們遇到壓力時就會分泌催產素，這可能和緩解壓力有關，而我們該做的就是用各種方式來幫忙這段過程。你可以擁抱他人、去做按摩、在冥想中感謝世界。我最喜歡的方法則是之前提到的，打開手機去看看那些讓你感動、讓你感受到愛的東西，例如我通常都是去看我孩子的照片。正如之前所述，慢性壓力會降低我們的催產素濃度。二○一四年《精神病學期刊》（The Journal of Psychiatric Research）的一篇研究發現，患有憂鬱症女性體內的催產素濃度，比未患憂鬱症女性的濃度更低。而之前我們也提到，慢性壓力會導致憂鬱。

技巧4：運動

運動可以提升抗壓能力。我自己只要一週左右不運動，就會被緊湊的工

作節奏壓垮，我會很明顯地感覺自己抗壓能力降低。但過猶不及，極度劇烈的運動反而會引發更多壓力。如果你目前已經處於高壓之中，溫和的運動可能比較適合。

技巧5：移動

我目前為止大部分的時間都在教人如何演講與溝通。上台會緊張的人幾乎都有一個共同點，就是會在台上僵住，拿著雷射筆躲在角落亂揮；或者像受驚的小動物一樣在台上跑來跑去，一秒也站不住。減輕這種壓力的方法，是事先想好自己上台之後要站在哪裡，大概需要哪些動作。你可以規劃一下何時需要在舞台上移動，需要擺出哪些姿勢，遇到必須強調的投影片，你甚至可以故意把道具放在遠處，然後一邊從容地走過去一邊解說，集中觀眾的注意力。你的動作越放鬆，你的壓力就會越小。日常生活中也是這樣，壓力大時站起來走個幾步，感覺會好非常多。

技巧6：呼吸

呼吸是緩解當下壓力最有用的方法。只要把呼吸放得更慢更深，身體就會對大腦釋出訊號，表示脫離危險一切順利。實際上需要的頻率因每個人的肺活量等各種因素有所不同，但通常降到每分鐘六到八次，可以最快讓你恢復平靜。你現在就可以嘗試一下：把碼表設定到一分鐘，然後開始深呼吸，數一下呼吸次數，你的情緒應該立刻就會改變。請注意，深呼吸是花更長的時間吸氣，花更長時間吐氣，而不是憋氣。如果你想體驗更強烈的對比，吸的速度，應該在一分鐘之內就會感到平靜。如果你好好控制呼本章之後還有一節「調控你的壓力」，可以用那種方法來練習。

另外還有一個神奇的呼吸技巧叫做「生理嘆氣」（physiological sigh）。快速吸氣兩次，把肺部盡量塞滿，然後緩慢吐氣把東西排空，最後吐出一聲像抱怨一樣的嘆息。重複此過程五到六次。這與深呼吸之間的差別在於能把肺部充得更滿，以及更有效地排出體內的二氧化碳。最能夠讓我們保持平靜

你的人生，他們六個說了算！　　　　　　　　　　　　　　　　152

技巧7：轉換觀點

你知道嗎？緊張和迫不及待兩種情緒，在生理上的反應完全一樣！也許和放鬆的迷走神經（vagus nerve）非常接近咽喉，當我們發出一些嘆氣之類的聲音，會有效地刺激迷走神經，然後經由副交感神經系統，向幾乎所有器官表示一切平安，然後身心就會更加平靜。許多冥想會低吟「ɜ（唵、嗡）」之類的咒語，可能就是想要這樣的效果。

調控呼吸可以讓大腦的控制權重新回到前額葉皮質。前額葉皮質掌管我們的意志力和意圖，當我們陷入巨大的壓力或焦慮，經常無法光靠心理建設來恢復理智，這種時候調控呼吸就很有用。當身體重新恢復平靜，前額葉皮質就能正常運作，讓我們跳出奇怪的思緒與行為模式。下次壓力很大的時候，不妨試著用生理的方式先深呼吸兩分鐘，然後再用第三人稱的角度跟自己好好對話。

153　　PART 1 ｜老闆，一杯天使特調！

技巧8：糾正錯誤信念

這聽起來很扯,但仍然是事實。大量研究證實你可以重新定義當下的壓力,把它變成你急著想要,而非把你嚇跑的東西。艾莉森・布魯克斯[21]發表在《實驗心理學期刊》(Journal of Experimental Psychology)的研究指出,只要改變自我暗示的內容,就會影響心理感受以及實際表現。她請兩組受試者唱同一首〈不要停止夢想〉(Don't Stop Believing),第一組在開唱前告訴自己「我很焦慮」,第二組則告訴自己「我很興奮」,結果第二組的感覺放鬆許多,唱得更開心,也唱得更好。參加重要考試或上台演講也是這樣,只要你把眼前的任務當成刺激的挑戰而非棘手的難題,你的表現就會超乎想像!

還記得第一次上駕訓班時,車上有多少新零件嗎?油門、離合器、方向燈、後視鏡、變速箱……一切都讓人眼花撩亂。但短短六個月後,汽車已經成為你身體的延伸,左轉右轉得心應手。也許你沒有駕照,但你一定也有類

似經驗,很多東西剛學起來都需要全神貫注,但很快就變成身體記憶,完全不占用認知資源。我們的學習能力非常驚人,而這也產生了一個副作用:我們的情緒反應也會用一樣的方式養成習慣,而許多習慣其實有害。我們剛出生時,往往並不知道該用什麼方式去感受哪些東西,家長也未必能夠成功教我們這些事情,大部分的人都得在出了家門之後邊做邊學。

我在三十五歲之前一直有一種錯誤的情緒反應,因為小時候我一直相信「我很醜」、「女生都很可怕」。這些觀念到底哪裡來的?我一路追索,最後想起小學五年級的學校派對。大廳的天花板上垂下一顆小小的迪斯可球,立體聲音響播放著羅克賽[22]的〈這一定是愛〉(It Must Have Been Love),女生擠在房間一角交頭接耳,男生集在房間的另一個角落。我想邀我喜歡的瑪

21 Alison Wood Brooks,奧布萊恩工商管理副教授和赫爾曼談判教員。
22 Roxette,瑞典雙人樂隊,由瑪麗.芙瑞德克森與皮爾.蓋斯雷兩人組成,一個唱歌,一個作曲,在八〇年代興起,是繼 ABBA 合唱團之後,從北歐席捲全世界的流行樂團。

麗亞來跳舞，但卻侷促不前，前後嗑了幾輪爆米花壯膽，才終於像剛出生的小麋鹿一樣笨拙地穿過舞池，來到她面前。時間凍結了。我清了清喉嚨，她轉過身，我問她：「妳想跳舞嗎？」她說「不想」。我的世界碎了一地，生命之火瞬間熄滅，一切都不再有意義。六週之後，我喜歡上另一個女孩卡洛琳，但學校的舞會再次把我打醒。這樣的事情先後上演了五次，在第五個女生拒絕的時候，我的大腦已經編出了兩個謊言，保護我之後不再心痛。第一個謊言是女生都很可怕，第二個謊言是我很醜。這兩個謊言一直陪伴著我，直到我三十五歲，我終於發現這種機制只是為了讓我做出反射性的情緒，避免再次受傷。於是，我決定捨棄這兩個謊言。我們每個人都一樣，如果要創造全新的自己，就必須找出妨礙前進的心理障礙，並將其捨棄。下面我將介紹三種捨棄這類謊言的方法。

| 重新檢查你的證據 |

我用下面這種方法擺脫了「我很醜」的謊言：拿出兩張紙，在第一張紙

嘗試新的判斷標準

我以前一直堅信自己不會領導。但其實我的領導力可能沒有什麼問題，而是我心中對於「優秀領導者」判斷標準過於偏狹。以前我以為優秀的領導者一定要對團隊充滿關愛，沒有愛的人不可能好好領導。但我後來看了更多案例，發現即使無法付出大量關愛，只要有強大的動力與強烈願景，依然可以領導得很有效率。所以我很可能很適合領導，只是一直用錯誤的標準扼殺了自己。可惜的是，我意識到這點時已經四十四歲。錯誤的標準會蒙蔽我們

列出哪些事件和經歷讓你相信「現在的想法」，例如我會列出四五件回憶和外在參照點，只要一想到就覺得「我很醜」。接下來，在第二張紙上列出各種方向相反的東西，例如我列出了無論男生女生稱讚我外表的話，以及被我的內外在「吸引」的記憶。在列出第二張清單的過程中，你會發現你平常選擇性遺忘了多少證據。把兩張清單放在一起，你就能看到整體真相，過去的謊言也會很快瓦解。

下定決心

一旦發現過去堅信的東西都是謊言，就可以用意志力來改變自己。過程往往比我們想得更簡單。我就是這樣扭轉了「方向感很差」的謊言。我經常迷路，過去也經常在社交場合以此自嘲，久而久之就真的開始以為自己的方向感真的很差。但真相不是這樣，我之所以經常迷路，其實是因為經常同時思考很多其他事情，沒有注意周圍的線索。一旦開始注意路上的細節，認路就變得相當簡單。

的雙眼，而且一旦下意識地用錯誤的標準評斷自己，我們甚至會看不出自己被它緊緊束縛。許多覺得自己不夠女人味的女性，以及覺得自己不夠男人味的男性，很可能也是這樣，他們很可能都用非常狹隘的標準來定義什麼叫男人或女人。世界上有許多事情都不是我們直覺以為的那樣。當我們好好反思目前相信的「真理」，嘗試用新的標準來重新衡量自己，我們就能逐漸擺脫誤解與謊言的詛咒。

技巧9：突破認知失調

生活中的事情開始互相衝突時，我們就會陷入壓力。這就是所謂的認知失調（cognitive dissonance），通常是因為我們同時接受了兩種彼此矛盾的真相，或者我們認為的真相，與伴侶或其他人認為的真相開始打架。

幾年前我第一次遇到這種狀況。其中一個信念來自年少輕狂的十八歲，當時我列出了一個清單，希望二十五歲買到保時捷，三十歲成為富翁，經常去地中海度假，四十二歲退休。

但逐漸長大之後，大概在三十五歲前後，我開始想做另一件完全不同的事：免費教世界上所有的孩子如何溝通。到了四十二歲，這兩種信念之間的衝突一觸即發。第一種信念叫我退休，第二種信念叫我幫全世界的孩子開發訓練課程。這兩種要求不可能同時實現，而不管你相不相信，這都讓我陷入極度的壓力與疲勞之中。過去我從未遇到這種事。直到我在家裡的健身房崩潰，我無路可出，對自己大吼大叫，亂扔東西，用力扯頭髮，最後癱在瑜伽

墊上，捨棄了十八歲以來的目標，我確定如今自己真正想要的不是退休，而是免費教全世界每個孩子如何溝通。面對這件事情之後我立刻神清氣爽，幾乎是連續三個月每天都處於「天使特調」之中。

如果你非常堅持孩子的房間必須一塵不染，你的伴侶卻覺得東西亂擺無所謂，你也很有可能陷入認知失調。你們兩邊都沒有錯，但兩種做法不可能同時滿足，一定會讓關係陷入緊張。如果你想盡量降低彼此陪伴時的壓力，可以考慮三種解決方案：第一，你們其中一個人改變看法。第二，你接受兩人看法注定不同。第三，你接受兩人之間的差異，並接受伴侶在這段關係中比你更強的部分，欣賞彼此互補達成的結果。

再換一個例子，如果你非常在意環保，你大概很難跟那些不重視地球或者浪費資源的人好好相處。你在跨國旅行時可能也會相當不安，因為你知道飛機很耗能源，是一種無法永續的旅行方式。這種堅定的信仰是雙面刃，它能帶來很大的動力，但也會使當事人備感壓力。

你的人生，他們六個說了算！　　　　　　　　　　　　160

技巧10：用多巴胺對抗皮質醇

這項技巧跟上一項很像，但範圍更廣。隆德大學（Lund University）的瑪蒂娜·史文森團隊研究發現[23]，老鼠會給彼此壓力。他們把兩隻老鼠關在一起，籠子裡有個倉鼠輪，老鼠只要想去跑就可以去跑。他們發現只要有一隻去跑，另外一隻就會被迫也開始跑，而且第二隻老鼠的壓力明顯高於第一隻，這究竟是怎麼回事？

答案是，第二隻老鼠的行動不是出於自願，而是出於環境。還記得多巴胺嗎？它讓我們完成目標時覺得很爽，降低了我們的壓力，當我們去做自己想做的事，就會擁有真正的動力，身體就會分泌多巴胺。但如果我們是被逼著做事，皮質醇與壓力就會取代多巴胺，成為主要動力。

這種事情發生在人類身上時，改變都非常明顯。人們剛剛開始新工作時，

[23] Martina Svensson，神經發炎助理研究員，專注於帕金森氏症的多學科研究。

技巧11：跳脫負面迴圈

來自他人的負面批評，之後往往會留在我們心中。但我們在心中越是重複這些批評，大腦就越容易把它當成需要深入學習的知識，因而信以為真。接下來，大腦就會不斷拿著這些批評來耳提面命，直到你完全相信自己真的像外人所說的那麼糟糕。當有人說我們的鼻子太大，我們就會在腦中不斷重複這句話，直到逐漸變成一種揮之不去的噩夢，根本無法逃離。一句話重複

往往充滿多巴胺，行動無比積極；但在幾年之後，很多人都設定了過於遠大的目標，換了新經理新同事，或者遇到了自己不感興趣的新任務，於是壓力逐漸取代了動力。這時候他們不再感受到多巴胺的刺激，而是被皮質醇追著跑，最後根本是逼著自己上班完成工作。皮質醇濃度長期過高，可能還會讓血糖濃度居高不下，但血糖原本是用來供給肌肉能量的，這時候肌肉卻沒有動力熱情奔騰，最後就累積成為脂肪，長出「啤酒肚」。

越多次，就越容易無意識地在心中浮現，形成一個永無止盡的負面迴圈。

這種時候我們就必須主動斬斷鎖鏈，打破迴圈，不能讓大腦從第一步走到最後一步。一旦出現「我的鼻子太大，很醜，露出去很尷尬」之類的想法，我們就要立刻中斷，開始告訴自己「我該去做某件事」。這會讓我們的大腦逐漸覺得前者不再重要，我們根本懶得把它想完，之後當然就不用一直重複提醒。這種技巧在我們剛收到負面批評的幾分鐘或幾小時內非常有用，可以直接防止在腦中形成負面迴圈；但如果負面迴圈已經深植在你心中好幾年，根據我個人的經驗，你就需要連續練習二至三週才能將它連根拔起。我自己陷入負面迴圈時，通常會叫自己改作以下的事：玩拼字遊戲、呼吸練習、聽音樂、看《歡樂單身派對》[24]、打電話跟朋友聊天、冥想、用冷水洗臉、做一些平常不會做的動作、唱歌、觀察身邊事物的細節，例如環境中每項事物的

[24] Seinfeld，美國國家廣播公司播出的廣受歡迎的情境喜劇，每集約二十分鐘，於一九八九年七月五日開始播出，至一九九八年五月十四日結束，共九季，一百八十集。

PART 1 ｜老闆，一杯天使特調！

光影變化。

但如果你已經陷入嚴重焦慮，可能就得改用別的方法。首先你可以先接受自己的焦慮，然後用放鬆身體與呼吸練習讓身體不要產生那麼大的壓力。不要急著擺脫焦慮，那只會讓你覺得自己在「逃避」，結果陷入更大的壓力。

巴納比・鄧恩[25]的研究團隊用車禍的血腥影像，觀察斬斷負面迴圈所帶來的影響。他們發現那些在看到血腥影像之後立刻斬斷迴圈，立刻思考其他事情的受試者，受到的情緒影響較小，而且更難記住照片與影片的細節。那些沒有斬斷迴圈的人，影像更容易在心中揮之不去。

總之，以後當你聽到負面批評，請面對它，處理它，然後放下它。當批評再次於腦中浮現，請立刻中斷思考，去想其他事情。所有你不想記住的爛東西，都可以用這個方法統統趕走。

調控你的壓力

適量的壓力很好，但過量的壓力就會出問題，所以我們該學習一種有點違反直覺的技巧：調控壓力。等等，為什麼我們需要壓力？那年夏天我趴在床上萬念俱灰的時候，曾經去驗血，結果皮質醇濃度極低，難怪對一切都提不起勁。於是我用壓力地圖與冥想兩種工具，成功地重新提高自己的皮質醇。大約六個月後，我對自己的評價恢復正常，生活也重新獲得動力。

每次演講之前如果覺得缺乏動力，我都會刻意引發壓力反應。無論我是因為什麼原因沒勁，我都會加速呼吸三十秒、快速來回走動，假裝自己被什麼恐怖的東西追著跑。你現在就可以試試看這種方法！身體一旦分泌皮質醇，你就會覺得能量滿滿；一旦分泌出腎上腺素，就會覺得蓄勢待發；一旦分泌正腎上腺素，就會變得全神貫注。但請注意：有焦慮症狀的人不要嘗試

25 Barnaby D. Dunn，埃克塞特大學臨床心理學教授。

這個技巧，因為快速過度換氣會使焦慮爆發。此外，如果你開始練習後感到暈頭轉向或任何其他不適，請立即停止。以下是練習的方法：

1. 先坐下來。
2. 想像有什麼東西要獵殺你。
3. 以快速急促的動作，移動你的頭和眼睛。
4. 繃緊全身的所有肌肉。
5. 環視整個房間和你身後，檢查那個想像中的殺手躲在哪裡。
6. 用力地快速呼吸。

結束這段練習之後，接著用之前提到的呼吸技巧，把呼吸放慢到每分鐘七次。你將立刻發現呼吸的快慢會帶來多大的差異！

本章摘要

壓力的影響力非常大。偶爾來點輕度壓力是健康的,所以你每天都可以跳出舒適圈,尋找一些新樂子,挑戰一些你遇到的問題,並一路學習。但長時間的嚴重壓力只會帶來傷害。如果你很容易陷入高壓之中,請用本章提到的壓力地圖控管壓力、跳出負面迴圈、練習冥想、養成溫和運動的習慣、經常檢查你的那些負面自我印象,並盡量用本書〈催產素〉那章的技巧來平衡身心,因為催產素能夠紓解大量壓力。

腦內啡
歡喜極樂

恭喜你終於嚐到生活中最喜悅的美酒：腦內啡（endorphins）！這個物質的英文名字很有趣，是由「內源性」（endogenous）和「嗎啡」（morphine）兩個詞組成的，前者代表身體內部產生的物質，後者則是以希臘夢神摩耳斯（Morpheus）命名的鴉片類藥物。腦內啡是人體製造的嗎啡，它跟醫藥用嗎啡主要的差異，在於身體可以自行產生，而且用途不只是緩解疼痛。當你想要感受到「人生的高峰」，它們就是天使特調裡最棒的滋味。

技巧1：享受疼痛

要怎麼在需要時釋放腦內啡呢？其實非常簡單，有好幾種方法可以做到——當然有一些方法的感覺特別讚！不過我們先來討論一個實際的例子，因為這能讓我們大致認識腦內啡造成的主觀感受。你有沒有在房間走進走出的時候，不小心忘記門口有門檻，然後用力踢到小趾？踢到小趾超級痛，所以很少人會趁機享受十秒後來臨的腦內啡高峰。但碰到這種事，我一定會好好享受一番。每次踢到腳趾，或是撞到身體其他地方時，我就會躺在地上，盯著天花板深呼吸數到十。之後，腦內啡就會開始湧進身體，帶著一種近乎極樂的感覺充滿全身，持續大約一分鐘。如果你留心觀察，就會注意到在歡愉過後，疼痛也會跟著舒緩，直到幾乎消失——當然如果你有哪邊受傷，那就是另外一回事了。

我記得很清楚，很久以前的某一天，瑪麗亞來跟我抱怨她全身痛得要命。

「發生什麼事了？」我問她。

「不知道。我前兩天去了健身房,可能是因為這樣。」

我轉過頭看著她說:「妳那個叫延遲性肌肉痠痛。運動後覺得痠痛很正常,這代表妳在健身房有認真練。」

她愣愣地點了點頭,說:「喔」。大概一個月後,她活蹦亂跳跑進廚房大聲告訴我:「我又練到全身痠痛了,這次感覺好棒!」

疼痛最離奇的一點,是它有時會讓我們感到愉悅。像是我很喜歡泡冰水浴,雖然每次下水都要數到三十,腦內啡才會開始釋放;但等到它們一湧出來,啊嘶,那種感覺真的讚!

我應該也永遠不會忘記第一次躺在釘床上的感覺。讓人發麻的恐懼瞬間變成了極上的歡愉。雖然我沒辦法確定這是不是也跟腦內啡有關,但感覺起來非常相似。如果那時我沒有選擇將疼痛視為一種積極的感受,我就永遠不會爬上那張釘床,也不會有當時的體驗。

有時候,我去醫院抽血也會碰到打針特別痛的護理師。但我發現,相較於用害怕之類的負面心情看待疼痛,用正面的心態看待這件事,比如想著現

你的人生,他們六個說了算!　　170

代醫學的奇妙，還有感謝現在的血液檢查多麼方便，都會帶來顯著的不同。

最後再講一個我最近的瘋狂主意：讓自己故意暴露在寒風中，好促進棕色脂肪組織生長。你可以把棕色脂肪組織想成是身體裡的小火爐，只要身體覺得寒冷就會點燃體內的燃料。此外，它對身體健康也有很大的幫助。於是我發起了「北歐一月短袖挑戰」，內容是整個一月份的上半身都只穿一件短袖（絕對不能有例外！），任何人都可參加。剛開始我冷到差點受不了，每天從早到晚都在發抖。我觀察到兩個神奇的變化：首先，我早上散步完都覺得充滿活力，而那些把自己包得密不透風以抵擋嚴寒的朋友，大部分都覺得很累。再來是大概兩週半過後，我就不會冷到吱吱叫了，反而是穿太多衣服會讓我覺得很不舒服。也許這代表我真的成功增加了一些棕色脂肪。我選擇忍受寒冷的痛苦，是為了獲得棕色脂肪組織帶來的健康效益，包括預防肥胖、糖尿病、胰島素阻抗和癌細胞增長，還有一系列對心血管的幫助。至於更耐寒則像是額外的利多。至於其他參加者呢？嗯，有一半的人成功達成挑戰，每個人看

PART 1 ｜ 老闆，一杯天使特調！

起來都很自豪。

我知道大部分的人都會選擇避開實際上可能有益的痛苦，比方說吹一陣子冷風、暫時挨餓和鍛鍊身體。如果這些人選擇挑戰這些痛苦，正面面對，也許就能得到成長和提升自我感覺的機會。

技巧2：微笑

除了腦內啡以外，微笑還會產生血清素和多巴胺。因此微笑顯然會讓我們感覺很好。但這是否代表我們可以命令自己微笑，並從中獲得相同的好處？有一項大型綜合分析彙總了來自一百三十八項研究、總共一萬一千名受試者的資料，確認了受試者在微笑時會感覺更快樂，不管他們是發自內心，還是按照實驗要求微笑。我讀著這些結果，突然想到我很久沒有微笑了，至少沒有真正地微笑。所謂「真正」的微笑，是由神經學家紀堯姆・杜顯（Guillaume Duchenne）定義和命名的概念。他定義真正的微笑是由眼睛的眼輪匝肌

（orbicularis oculi）和顴骨到嘴角之間的顴大肌（musculus zygomaticus major）協調收縮所造成的。

杜顯說的這種微笑非常重要。我們都常聽說，只要用這種方式微笑，就可以讓自己看起來更可靠、更不容易離婚（或是更容易結婚），還能讓我們更快樂、更長命。所以我當然也想學會這樣微笑，於是我立刻打開了Google相簿，裡面裝了大概六萬張全家福照，還有五千張我自己的照片。只是我翻了很久，都找不到我在哪一張照片上有露出真正的微笑。有鑑於我成年以後大部分的時候都很憂鬱，這或許也不怎麼意外。不過，我倒是有在童年的照片上找到那種笑容，也許我只是忘了怎麼微笑而已。

所以我像平常學習新東西一樣，全心全意地投入其中。我不斷練習，弄到身邊有不少人都一度懷疑我終於發瘋了。但不管我再怎麼努力都無法做到——我需要參考的對象，我需要親身體會那種微笑的感覺。於是我開始想哪些事情最讓我快樂、最有可能讓我像杜顯說的一樣笑出來。很快地，我就想到當我結束幾個星期的出差回到家，無論天氣怎麼樣，我女兒都會穿著襪

173　　PART 1 ｜老闆，一杯天使特調！

子跑出來迎接我，把頭靠在我的脖子上告訴我她很想我。如果那種情境還無法讓我真正地微笑，我想我大概就沒有希望了。所以我想了一個計劃：等下次回家，女兒來擁抱我的時候，我要用心感覺那種微笑有沒有來到我的臉上。

幾個星期後，機會終於來了。我開車駛上車道，只見前門砰地打開。雷歐娜穿著襪子跑向我，整個人纏了上來；就和往常一樣，她把頭靠在我的脖子上。果然有用！我感覺到臉上出現了不習慣的活動！一進房，我立刻走進廁所，對著鏡子端詳我的笑容。我看到自己臉上都是喜悅的光芒。從那天開始，我就不停練習。現在我有了一個肌肉記憶，一個參考的基準，有證據讓我相信自己可以露出那種微笑。幾個月後，我就能自然露出真正的微笑了。換句話說，我可以隨時隨地、隨心所欲地像杜顯說的那樣微笑。這對我因為演講、會議或講座而緊張時格外有用，只要真心地微笑一下，就能舒緩我的緊張情緒。這些情境讓我非常清楚，微笑確實可以釋放腦內啡緩解痛苦。或許這也是為什麼我們常會在焦慮時擠出微笑，或是在害怕時試著大笑。

技巧3：大笑

大笑比微笑更進一步，但不同的是，大笑可以帶來更強烈的歡愉，甚至是踢到腳趾時湧出來的那種喜悅。還記得你上次真心大笑，笑到腹肌崩壞的時候嗎？笑完以後是不是還覺得有點飄飄然？跟微笑不同，笑出聲音會用到腹部肌肉，刺激更多的腦內啡分泌，所謂的開懷大笑就是這麼回事。近年來流行的大笑瑜伽[26]也是運用了這個原理。研究發現，大腦中的鴉片受體越多，人就越容易因為有趣的事情笑出來，讚吧！

腦內啡是一個家族，成員包括 α、γ 和 β 三種腦內啡，而最受關注的是第三種。有非常多研究在探討 β-腦內啡如何影響我們的社交關係和情境，比如被戀人碰觸、參加線上即時團體活動，以及感受人與人之間的連結等等。

---

26 Laughter Yoga，又稱為愛笑瑜伽，是一種新興的減壓運動，當中結合了持久及刻意的去笑的活動、瑜伽的傳統呼吸及拍打穴位按摩等技巧。

有一種理論認為，這可能是與這類社交情境有關的獎賞系統。β-腦內啡還有另一個迷人的效果，就是幫助我們解讀他人的情緒，以及同理他人的處境，這也難怪我們大部分的笑容，都出現在社交互動中了。神經科學家蘇菲・史考特（Sophie Scott）教授發現，比起獨自一人的時候，我們在社交情境中笑出來的機率高了30%。很多時候，笑聲不一定是對有趣的事物產生反應，而是在釋放一種社交訊號，微笑和大笑不僅讓我們覺得開心，也是毋庸置疑的社交黏著劑。可惜的是，很多人跟以前的我一樣很少微笑或是大笑。或許也是其中之一，但就算是這樣，你也已經知道自己只需要多多練習就可以了。

技巧4⋯吃辣

既然疼痛會產生腦內啡，那嘴巴裡感受到的疼痛也可以造成同樣的效果。人們常說吃辣容易上癮，而腦內啡本身雖然不具成癮性，但這其中的關聯應該相當明顯。

技巧5：運動

運動也會產生腦內啡，不過因為運動還有很多好處，我打算在後面的章節繼續討論這個話題。

技巧6：音樂

多項研究，包括伊朗醫科大學（Iran University of Medical Sciences）的塔赫雷・納哈菲・格塞傑（T. Najafi Ghezeljeh）所做的一項研究，都指出音樂能夠刺激腦內啡，提高人們的疼痛耐受性，產生輕微的止痛作用。在世界上某些地方，音樂也是經常使用的鎮痛手段，而你在需要紓解痛苦的情緒時，或許也會聽某些特定的音樂。而知道這中間的關係，也讓我覺得又更了解自己了。

技巧7：巧克力

歡呼吧，你們這些巧克力狂魔！泰婭・馬格洛尼（Thea Magrone）博士在二〇一七年的研究中提出，想要享受腦內啡帶來的歡愉，只要猛吃巧克力就好了。研究還顯示在吃巧克力的時候，多巴胺濃度也會上升150%，真是一舉兩得。不過我還是要說，跟踢到腳趾的快感相比，吃巧克力產生的腦內啡真的沒那麼厲害。

技巧8：跳舞

在新冠大流行的七百日封鎖階段期間，我沒辦法像平常一樣四處巡迴，因此我大概有四百天都待在自己家的會議室裡，站在鏡頭前主持講座。一開始，我覺得要進入狀況很不容易，但我們很快就找出了一套方法。我請攝影師打開之前裝的迪斯可燈還有造煙機，放首艾維奇[27]的電子樂讓我跳舞。大概

技巧9：忍受寒冷

如果你問我的意見，我會說在我看來，多數人人泡冰水浴的方式都「錯了」。或者至少應該說，多數人泡冰水浴的方法都可以再調整，好好享受這個習慣並從中獲益。以下是我泡了好幾千次以後整理出來的最佳流程。不過

跳個三分鐘左右，我就會感到不可思議的激動、興奮和快樂。這是因為跳舞會產生大量的腦內啡；與人共舞可以提高疼痛耐受性，並讓你和共舞的對象形成更緊密的聯繫，而這兩種效應，應該都跟跳舞時分泌的腦內啡有關。不過除了腦內啡以外，跳舞還能有很多好處。如果你覺得情緒低落，跳支舞絕對是個好主意，如果還有人跟你一起跳就更好了。

27 Avicii，是專門從事音訊編程、混音和唱片製作的瑞典電子音樂人、唱片騎師和詞曲作家。二〇一八年四月二十日，於阿曼首都馬斯喀特自殺。六月八日，他的遺體被安葬於家鄉斯德哥爾摩。其遺作《TIM》於二〇一九年正式發行。

我要強調,我沒辦法為冰水浴對你的影響負責,所以我建議你在有朋友陪伴時進行,而且水不要太深。如果你容易焦慮,我也建議你身邊要有專業人士,因為這種體驗可能會引發焦慮。不過對大部分的人來說,冰水浴只會帶來純粹的快樂而已。

我的冰水浴最佳流程:

一口氣跳進冰水,確定你的肩膀有泡在水裡——這很重要!剛跳進水裡,你的交感神經會對疼痛和它感應到的危險做出反應,讓你緊張並開始急遽呼吸。大多數缺乏經驗的人會在這時發了瘋想要逃出水裡;如果你人在泳池的SPA區,附近泡熱水的泳客一定會紛紛對你投以崇拜或看好戲的眼光。但這時千萬不要離開!

接著,盡可能緩慢地用鼻子吸氣,用嘴巴呼氣。等你控制好呼吸,就可以開始有意識地放鬆肌肉。放慢呼吸和放鬆肌肉有助於控制你對壓力的即時反應(這原本是由交感神經系統調節)。現在大概已經過了十五秒,

你的人生,他們六個說了算! 180

再數十五秒,然後將臉埋進水中。這樣會開啟人類天生的潛水反射(diving reflex),降低你的心率,並幫助你進一步放鬆呼吸。此時,時間應該已經過了三十秒,你可以開始期待腦內啡帶來的鎮痛和歡愉效果。同時再次提醒自己要放鬆肌肉。大約四十五秒後,你應該已經在享受這個體驗了。把你的注意力從自己和身體的感受上移開,放鬆心情,欣賞周圍的美景。如果你在戶外,就聽聽鳥叫聲,欣賞瓷磚的色彩和圖案。再維持個十五到三十秒,然後離開水池為自己的成就歡呼吧!

爬出水池,再花點時間享受身體的所有反應,並且欣賞周遭的美好。你將會感受到大量腦內啡、去甲腎上腺素跟多巴胺的影響——雖然還沒有人證實,但我認為這也是冰水浴讓人覺得光榮、滿足和自豪的原因之一。

恭喜!你剛剛在六十秒內經歷了恐慌到愉悅的情緒轉折;很少有別的辦法,可以在這麼短的時間內造成這麼激烈的情緒轉換,多數的狀況都要持續好幾個小時。在我開的自我調控課程裡,不管在哪個季節,我都會帶學員去嘗試冰水浴。我曾指導許多人跨過這種經驗,而我發現,就算是曾經焦慮症發作

181　PART 1 ｜老闆,一杯天使特調!

一 本章摘要

腦內啡就像裝飾在天使特調上的櫻桃或萊姆片。我喜歡微笑，也喜歡哈哈大笑，每次想起以前愁眉苦臉的日子，我都覺得很奇怪。如果你覺得自己不太喜歡微笑或大笑，我懇請你一定要為了自己學會這麼做！每微笑或是大笑一次，就是在你的這一天上多撒一次腦內啡的糖粉，讓你的天使特調更美味。所以快去跳支舞、跑個步，或是泡個美妙的冰水浴，享受一陣極樂的腦內啡浪潮吧！

的人，只要有人在旁邊即時指導，也都能學會應付冰水浴的緊張。他們也從中清楚地感受到，控制呼吸並勇敢面對，而不是逃避痛苦，原來有這麼強大的力量。

睪固酮
自信與勝利

歡迎品嚐睪固酮的美妙！這是天使特調上的第六種，也是最後一種物質。

有些人也許會覺得困惑，因為睪固酮普遍被認為跟侵略性行為有關；但等我們討論完它帶來的益處後，你就會知道不一定是這樣。

關鍵在於了解睪固酮本身是怎麼運作的。羅伯特・薩波斯基博士[28]喜歡說睪固酮的主要作用是增幅，它會強化你用來提升社交地位的工具。換句話說，血清素濃度反映了你目前的社交地位，而睪固酮則是給你提高社交地位的工具。由於暴力的確是提升社交地位的潛在選項之一，睪固酮自然有可能讓你

---

28 Robert Sapolsky，美國神經生物學家和科普作家，史丹福大學教授。

變得更具侵略性。然而,如果你恰好是靠慷慨來提升自己的社交地位,睪固酮會放大你的善舉;如果你是靠幽默感提升自己的社交地位,那睪固酮就會讓你更風趣;而如果你是靠新的發明或想法來提高社交地位,睪固酮也會增強你的創造力。薩波斯基在一次訪談中甚至開玩笑說:「如果你幫一些和尚注射大量的睪固酮,他們可能會開始瘋狂比較誰做了最多善舉。」因此,睪固酮是種非常強大的物質,可以增強你目前所表現出的行為。

在我們繼續之前,我想提醒一下各位,雖然睪固酮是一種性激素,但男性和女性都會分泌,就像男性和女性都會分泌雌激素一樣。只是男性的睪固酮普遍高於女性,而女性的雌激素通常高於男性。不過一般來說,增加睪固酮對男性和女性造成的心理影響十分相似。在我開的每一堂自我調控課程中,我發現了一個有意思的結果,那就是女性學員最喜歡睪固酮訓練,而且她們表現出的差異也最明顯,這可能是因為她們很少有機會體驗到睪固酮大量分泌。

一聽說睪固酮會怎麼影響我們的社交地位,我就立刻開始思考,自己都

是靠怎樣的行為來提升社交地位。很快地，我就發現我的作法不那麼典型：我不喜歡用奢華的名牌獲取社交地位，也不太依賴名人的光環來爭取。整體來說，我似乎更仰賴其他五個手段：（一）我的核心技能，包括在舞台上對觀眾，還有在房間裡對人群的溝通技巧，我也發現我很喜歡用這些能力提升自己的社交地位；（二）分享知識；（三）幫助他人；（四）提出新穎的想法和思路；（五）與眾不同。這裡的順序跟重要程度無關，每一個能力派上用場的情境和時機都有所不同。我覺得你也可以思考一下，自己平常都是怎麼爭取社交地位的。來，我們先把書放下，躺在椅子上，回想你碰到有人威脅你的社交地位，或是想要提升社交地位時，你通常會加強哪些社交行為？思考以下幾件事或許也有助於釐清問題：想想你身處在完全陌生的社交場合時有何舉動？思考你在社群媒體上都發些什麼東西？還有在職場或學校裡，當你想獲得更多關注與認可時，你會怎麼做？雖然這裡列舉的都是正面行為，但攻擊他人同樣也是提升社交地位的手段。常見的負面手段還包括貶低、輕視、誹謗他人、誇大吹噓、扮演受害者、死不認錯，以及一些更細緻的技倆，包

185　　　　　　PART 1│老闆，一杯天使特調！

括提高聲音、以上對下的說話態度，或是擺出高人一等的肢體語言。

說到提高音量，幾乎每個人都會用這種方式增強自己的社交影響力。而既然每個人都會這樣做，那你也可以觀察周遭人們的積極和消極社交行為，進而學會提升社交地位的手段。練習這件事可以讓你更容易注意到哪些人在社交場合上感覺自己落了下風，並視情況出手相助。雖然睪固酮能幫助我們提升自己在社交場合的位階，但提升位階也會引起血清素分泌，讓我們產生正面的態度，並提升我們的幸福感。

另外，睪固酮也跟我們的冒險行為有關。換句話說，睪固酮濃度高的話，我們就會更樂意承受風險。不過關於睪固酮在這之中扮演的角色還有待釐清，因為其他因素似乎也有影響。最近有個新的假設認為，真正促使我們冒險的，可能是皮質醇和睪固酮的共同作用。發現這件事的是蘇黎世大學的葉妮菲‧庫拉斯（Jennifer Kurath）和巴塞爾大學的瑞伊‧瑪塔（Rui Mata），兩人在一份文獻回顧中指出了這點，不過也提到相關性沒有很強。

睪固酮第三個好處，是它能幫忙提升我們的自信。維也納大學的哈娜‧

庫提可娃（Hana Kutlikova）指出，睪固酮和競爭心有很深的關聯，也能讓我們更不願輕言放棄。另一位學者科林・卡梅熱[29]的研究則顯示，睪固酮會降低我們對衝動的控制力，而這也是充滿自信時會有的表現。我們的社會非常重視自信，這或許也深深影響了我們的演化。人們普遍厭惡不確定性，願意付出很多資源換取安定感。無論是領導者、推銷員、潛在伴侶、談判代表還是演講者，有自信的人往往都比欠缺自信的人更具吸引力。

我的自我調控課程會帶學員體驗本書中每一種物質帶來的影響，其中也包括探索跟睪固酮有關的感受。而學員對睪固酮的體驗，跟另外五種物質有非常明顯的差別。他們在回饋中常用的詞包括「無敵」、「強大」、「自信」、「力量」和「無所畏懼」，而且就像我前面講的，女性往往比男性更清楚感受到這種影響。

29 Colin Farrell Camerer，美國行為經濟學家，是加州理工學院的羅伯特・柯比（Robert Kirby）行為金融與經濟學教授。

能夠隨心所欲、有意識地提升睪固酮濃度，就表示你可以隨時幫自己加強自信，這可是一種了不起的超能力。所以接下來讓我們就要繼續聊聊，有哪些方法可以刺激睪固酮分泌。

技巧1：獲勝

勝利或成功都會提升我們的睪固酮濃度，不過怎樣算是勝利又非常主觀。當你贏了紐約馬拉松，卻沒有比上次更快完賽，還是有可能對自己的表現失望；而當你跑得筋疲力盡、差點中途退賽，還只拿到第十七名，但最終成績卻縮短了整整五分鐘，體內的睪固酮反而有可能比冠軍還多。

每次在浸培會館錄線上講座，只要我精神不太好，或是有點提不起勁，覺得講座可能會不太順利的話，就會請團隊在開始前先空出十五分鐘，進行一些競爭活動。通常，這代表我們會拿起 Nerf 槍[30]，在會館裡追來追去，用泡綿子彈互相廝殺。大家每次都很投入，而且玩得很開心。經過十五分鐘的

搏命廝殺，我可以清楚感受到睪固酮上升，讓我在不知不覺中準備好全力以赴，獻上最精采的表現。

還有一些方法也可以帶來類似的激昂感，像是玩一些你很有把握能贏的遊戲，或是向別人提出你覺得必勝無疑的挑戰。但除非我真的超級消沉，不然只要回想過去的勝利和成功，都可以讓自己興奮起來。

很久以前就有研究指出球員的睪固酮會在上場時飆升，但心理學家保羅．伯恩哈茲（P. C. Bernhardt）想知道，觀賽的球迷是否也會有一樣的經驗。結果調查顯示，獲勝隊伍的球迷睪固酮會增加20%，而輸球隊伍的球迷，睪固酮也會以相同的幅度下降。也就是說，兩隊球迷的睪固酮差距可以高達40%。

但有趣的是，無論比賽輸贏，球員的睪固酮濃度通常都會上升。根據加州柏克萊大學的一項研究，球員在比賽中的睪固酮可以激增足足30%；即使

30 一種玩具槍，採用泡沫塑料製子彈，分為彈簧裝置與電動射擊兩種方式。

到了第二天，也還是比基礎值高了15%。這份研究的共同作者班傑明‧川保表示，雖然他們的研究只針對男性，但他預計女性也會呈現類似的結果。

技巧2：音樂

長崎大學講師土居裕和主持的一份研究顯示，體內睪固酮濃度較高的男性通常比較喜歡搖滾樂，不太喜歡爵士樂、古典樂這些「複雜」的音樂。很多人應該也有這種經驗：當車上播放著某一類音樂，就會燃起催油門的衝動。健身房也很懂這個道理：某些音樂會讓健身者感覺自己身體更勇、更霸氣。另外一份研究則指出，音樂提升睪固酮的效果是不分男女的。這些研究代表什麼？代表我們只要把健身房的歌單偷回家，就可以在其他時候獲得一樣的感受。

技巧 3：調整身體姿態

身為演講技巧的專家，我花了很多年研究過好幾千位講者，甚至還區分並編列了一百一十種改善溝通的肢體語言和聲音技巧。如果你還沒看過，請務必看看我的 TED 演講「一百一十個溝通和公開演講的技巧」（The 110 Techniques of Communication and Public Speaking）！藉著這些經驗，我可以輕易看出人們在使用各種方法提升自信時犯了哪些錯誤。我也知道他們只要在哪裡做出一點小調整，就能表現得恰到好處，並感到更有自信。

在我指導過的學員裡，有個人讓我印象特別深刻。第一次見到他，我就覺得這男人五官端正，身材健美，打扮得像是伸展台上的模特兒，蓬鬆的髮更有如希臘的神祇。如果要打分數的話，任何人都會給他滿分。他昂首闊步走進房裡和我握手，臉上掛著自信的微笑和堅定的目光。簡短交談後，我

31 Benjamin Trumble，人類進化與社會變革學院、進化與醫學中心和研究所的副教授。

請他試講一段，他也接好電腦，走到台前開始演講。就在那一刻，他的完美崩潰了。我立刻看到七個缺乏自信時常見的肢體訊息：搖晃身體、扭動臀部、目光低垂、雙腳一前一後、胳膊交叉在胸前、充滿填充用的虛詞和聲音，而且越講越小聲。所有不該做的他都做了，把我給嚇了一跳。

我從沒見過這麼大的反差，也從來沒見過有人的形象垮得這麼快。我一五一十向他描述了我看到的一切，而他的答案你或許也猜得到：他在過去的工作中有過幾次非常挫折的演講經驗，所以為自己編造了一個虛假的信念，誤信自己是個很糟糕的講者。接著，我們逐一處理了這七個細節，等他看起來都準備好了，我又請他再試講一次。結束以後，我給他看了兩次試講的影片。他立刻流下眼淚。說他想不到自己能有這麼大的不同。而且這股差異不只是因為肢體語言，而是他可以從自己說話的樣子，隱約看到真正的自己在閃閃發光。更讓他驚訝的是，這些改變都是在這麼短的時間裡發生的。問題解決後，他依舊繼續練習用肢體語言傳達「一切都在我掌握之中」的訊息，效果很好，他的演講一次比一次順利；很快地，他在台上的存在感，就

你的人生，他們六個說了算！　　　　　　　　　　　　　　192

跟生活中其他時候一樣強烈了。認真來說，這個案子的情況比較極端，但我還可以用很多案例證明，肢體語言或聲音的微小變化，都能直接影響人們的自信。我無法斷言這些都是睪固酮的影響，畢竟我沒有測量學員在改變前後的睪固酮濃度；但我還是可以很有自信地說，幾乎每個學員的睪固酮都肯定有所提升。

如果你想在做事以前增加一下自信，請記得抬起頭，兩腳不要一前一後，並好好運用雙手，不要四肢僵硬，但記得屁股不要扭來扭去，練習拿掉講話時的嗯嗯啊啊，然後清楚、大聲講出你要講的內容。總結起來就是，在你進行需要更多自信的活動前，花十分鐘調整站立與活動的姿態，直到你看起來就像世界之王。這套技巧也可以結合之前提到的音樂和視覺化，獲得更強的效果。

技巧4‥自信

遇見那位自信之光驟然黯淡，然後又迅速重振雄風的「男神」後，我就深知自信很大程度是掌握在我們自己手上，而且跟我們參加什麼活動有很大的關係。比如說，有些人走進籃球場以後，就慢慢贏下一場又一場比賽，於是對打籃球有了更多信心和把握。然而，他們對雜耍表演或政治辯論的自信，並不會因此增加多少。但如果他們也開始打排球和踢足球，對這些運動也有了信心，那當他們有天想嘗試曲棍球時，也會對自己更有自信。這點非常重要，你需要意識到自信並不是靜態的事物，而是一種動能。生活中的每個領域都可以讓我們發展自信，並藉由練習和累積成功維持這種動能。

技巧5‥內向與外向

我們的大腦有一個叫做中縫核（raphe nuclei）的結構，裡面有一小群多

巴胺神經元，負責執行各種功能，包括讓我們渴望社交互動。當社交需求得到滿足，這裡就會釋放多巴胺。而內向者和外向者的區別，在於外向者對社交互動的需求更大；換句話說，外向者比內向者需要花更多時間參加社交活動，才能滿足社交需求。

莫琳・史梅―楊森[32]對此做過一個發人深省的研究，顯示外向者的睪固酮往往也比較多。但內向跟外向是固定的狀態嗎？完全不是，情境的變化和每一天的感受，都會影響人的社交需求。我這一生中大部分的時候都比較內向，但自從憂鬱症康復後，我就變得越來越外向。現在的我需要花更多時間滿足社交需求。就像練習打籃球可以讓你在跟籃球有關的情境裡變得更有自信，練習社交也可以讓你在社交時變得更有自信。

32 Maureen M. J. Smeets-Janssen，GGZ 中心醫學博士。

技巧6：電影

接下來這點或許也不教人意外：看電影也有可能提高我們體內的睪固酮濃度。而達成這種結果的關鍵，是跟主角產生共鳴，對他們的遭遇感同身受，並分享他們最後的成功。一項研究指出，電影《教父》（The Godfather）中的柯里昂閣下（Don Corleone）會提高男性觀眾的睪固酮，降低女性觀眾的睪固酮；相反地，女性在觀看《BJ單身日記》（Bridget Jones's Diary）時，睪固酮會維持在高點，而男性則會明顯減少。

和前面對足球的研究一樣，我們要非常認同一支球隊，才會在他們贏球時分泌更多睪固酮；對於電影中的角色，我們也要先有強烈的認同感，才會產生相同的反應。

技巧7：侵略

本章一開始提到的薩波斯基博士說過，侵略行為會刺激睪固酮分泌。我們也可以利用這一點，在重要會議之前先去洗手間，思考侵略性的想法，最好還要搭配威脅性的肢體語言和激烈的音樂。只要沒有人會聽到，我還會在這麼做的同時大吼大叫，釋放自己最有侵略性的一面，進一步增加我的睪固酮。

但說到這裡，我覺得也應該提醒一下，侵略行為一旦失控，就會對社會造成嚴重的禍害，所以要是你覺得自己在社交地位受到威脅時，會出現更強烈的侵略傾向，就最好避免在不必要時喚醒自己的這一面。相反地，你應該練習辨別失控的跡象，學習即時控制自己的侵略傾向。冥想對此很有幫助，如果你注意到自己的侵略性正在增強，請試著用深呼吸幫助自己度過這種情緒，不要真的出手傷人。

本章摘要

睪固酮是「天使特調」中一道刺激的味道，可以提高你在面試、交際、談判、演講等各種情境中的表現。但要注意的是，睪固酮也可能會影響你的判斷力，妨礙你控制衝動。這點切不可忘，免得被突然冒出來的睪固酮衝動影響生活中的重要決定。

借助睪固酮，也可以幫忙培養長期的自信心。具體作法包括常聽讓你振奮、自信或是想起過往成功的音樂；接受可能有好處的冒險；練習將挫折和失敗視作將來成功的動力；還有確保自己在想要更有自信的領域中，不斷贏下一些小小的勝利。

天使特調的基底

想要提升自我，需要先妥善掌控自我，也就是學會調控自己的思緒和決斷。自我調控並不嚴格，有很多地方就算妥協，也不會妨礙你達成目標；話雖如此，如果你想要成功，還是有四件事不能隨便，那就是睡眠、飲食、運動和冥想。這些事對你的健康至關重要，重要到我可以為每一件事都寫一本書。不過總歸來說，每一杯天使特調的基底，都需要睡得好、吃得好、定期運動，以及每天冥想。以下是我對這幾件事的心得。

一 睡眠

1. 我跟大多數成人一樣，每晚平均需要七到八小時的睡眠。有些人可能

只需要睡六個小時。還有人天生需要的睡眠時間更短，但醫學上這種人非常少見，卻有非常多人誤以為自己得天獨厚。

2. 睡眠分為四個階段，而深度睡眠是其中最重要的一個階段。成年人的睡眠中需要有13到23％的深度睡眠時間，第二天才會覺得有睡飽。這是因為深度睡眠在大腦處理記憶的過程中，扮演著非常重要的角色。使用智慧手錶和睡眠追蹤器可以準確測量自己深度睡眠的長短。不過這些儀器在獨自入睡時比較準確，跟伴侶或孩子睡在一起的話就要打幾分折扣。

3. 有一些技巧可以讓人更好入睡，並提升整體睡眠品質：

• 避免在睡前幾個小時接觸螢幕發出的藍光。

• 讓臥室保持涼爽，而非保持溫暖。

你的人生，他們六個說了算！　　　　　　　　　　　200

- 保持臥室通風良好,以防二氧化碳在夜間累積。在你睡醒時,房間的二氧化碳濃度應該低於1000ppm,而理想狀況則是600至700ppm。二氧化碳濃度計在大部分電器行都買得到。
- 如果其他人讓你睡不好,就一個人睡吧。
- 睏了再上床睡覺——要是你在床上翻來覆去超過半小時,大概就是不夠睏。為了確保晚上夠睏,你可以在白天做一些會讓身體或心靈疲倦的活動。
- 晝夜節律(circadian rhythm),也就是你的生理時鐘會在早上釋放大量皮質醇等物質把你叫醒,晚上則會提高褪黑激素濃度讓你眼皮發沉。只是它不像牆上的時鐘一樣,可以轉背後的按鈕調整;校正生理時鐘唯一的方法,是用你的雙眼吸收陽光。因此到了春季、秋季和冬季,早上最重要的就是盡量曬多一點太陽。在早晨散步並仰望天光很不錯,但切記不要直視太陽。欣賞夕陽落山也同樣有助於調節生理時鐘。
- 焦慮的時候盡量別上床。試著在上床前解決任何有可能讓你焦慮的問

一 飲食

1. 多樣化飲食有助於改善腸道健康，並確保你攝取到足夠的必須維生素、礦物質及微量元素。當然，水果和綠色蔬菜也必不可少。我選擇採取地中海飲食，因為研究證明這種飲食法能讓人健康長壽。地中海飲食主要的內容有蔬菜、水果、魚類、白肉、豆類、全穀產品，以及橄欖油、堅果、種子等健康脂肪。我也盡量少吃紅肉、加工肉品、動物脂肪以及額外添加糖的食品。

- 最後，也是最重要的技巧：每天晚上都在差不多的時間上床睡覺。這能幫助你建立良好、規律的睡眠習慣。
- 很多人以為喝酒可以助眠，但其實酒精只會搞爛你的睡眠品質。

題，需要的話，冥想也可以幫你恢復內心平靜。

2. 為了避免能量耗盡和緊接而來的多巴胺斷崖，我也盡可能不吃精製碳水化合物。落下多巴胺斷崖會讓人更渴望精製碳水化合物，同時感到更加疲憊。在大部分的情況下，粗製碳水化合物都比精製碳水化合物更好。

3. 非水溶性纖維也不能少，而全穀粉、堅果和豆類都含有豐富的非水溶性纖維。這些食物能增加飽足感，並且降低結腸或直腸癌風險。

4. 少吃添加精製糖的食品，精製糖的負面影響太多，恕我無法一一列舉。

5. 我也不太信任所謂的合法聰明藥[33]，儘管很多人宣稱咖啡因、L-茶氨

---

33 Nootropics，也被稱為促智藥、聰明藥、智能藥物（smart drugs）或認知增強劑（cognitive enhancers），用於改善人的認知功能。

203　　PART 1 ｜ 老闆，一杯天使特調！

酸或莫達非尼（modafinil）等物質可以增強心智功能。但良好的睡眠、運動、飲食、社交和降低壓力，都能達到相似效果，而且更為持久。你的身體本來就擁有一整個化學工業區，可以幫你做出任何想要的天使特調。只要你去了解它，並正確使用它，這輩子就能恣意體驗你想要的感受。但如果你依賴這些拐杖來滿足需求了。當然，這樣講可能有點極端，有時候外來物質也可以幫我們預習自己想要的效果，以便我們運用自我調控技巧獲得相同的效果；不過請千記得萬記得，如果你要使用這些物質，特別是當你正在接受任何藥物治療時，一定要諮詢醫生的建議。

6. 少吃火腿、培根和鵝肝醬這類加工食品，因為研究早已證明，這些食品跟心臟病、第二型糖尿病，以及某些類型的癌症有所相關。

7. 由波士頓塔夫茨大學（Tufts University）的蘇智順（Jisun So）領導的

一項團隊研究顯示，魚油對預防發炎非常有幫助。其中抗發炎效果最強，是富含 DHA Omega-3 脂肪酸的魚油——理想劑量為一克以上。也有憂鬱症研究發現，魚油對情緒有正面幫助。但如果你目前正在接受憂鬱症療程，也請在使用魚油或其他膳食補充劑以前，先諮詢過醫生的建議。

運動

還記得我在皮質醇那章，第 134 頁講的發炎過程嗎？我解釋了發炎時釋放的細胞因子如何影響免疫細胞，使其開始蒐集色胺酸，並使用吲哚胺 2,3-雙加氧酶（Indoleamine 2,3- dioxygenase，IDO）這種酵素，將之轉化成一種名為犬尿胺酸（kynurenine）的物質，而這種物質可能會對神經產生毒性——正好，色胺酸也是製造血清素的原料。簡單來說，這代表慢性發炎對我們的心理有兩個負面影響。第一是它消耗了我們製造血清素的原料，第二是它產

生了一種可能會讓大腦中毒的物質。而運動和這件事的關聯在於，運動能幫助身體代謝犬尿胺酸，進而避免大腦受其影響。而這件事是德國科隆體育大學的尼可拉斯・約斯滕（Niklas Joisten）發現的，生物學真是了不起！

我從十八歲開始就一直保持運動的習慣，只有兩次中斷了比較久。而這兩次都是因為我採取了極端的鍛鍊計劃。第一次是因為我看了《雷神索爾》的電影，主角克里斯・漢斯沃的健美身材令我十分嚮往；但真正讓我決定效法的，是我聽到瑪麗亞在索爾出場時吞了口水，這讓我開始渴望擁有北歐神祇的體態。接著不知道為什麼，我又決定要在六個月內達成目標。於是我按照一直以來的風格全力以赴。我聘了一位全職私人教練，並請一位營養師，開始比以往更加賣力訓練。六個月裡，我成功增重了九公斤，其中四公斤全是肌肉，足以撐破我的襯衫，讓鈕扣在開會時到處亂飛，逼得我最後製造了太多皮質醇，多巴胺卻嚴重不足。靠著純粹的意志力，我撐過了計劃的最後兩個月。我實現了目標，也對我的成果感到很得意；但我最後製造了太多皮質醇，多巴胺卻嚴重不足。靠著純粹的意志力，我撐過了計劃的最後兩個月。更新。

你的人生，他們六個說了算！　　　　　　　　　　206

結果是我在這之後就對運動失去了興趣，整整一年都沒再恢復。

一直以來，我試過無數的鍛鍊計劃，但最後，我發現唯一能長期維持的作法，似乎就是將運動融入我的日常生活。我每星期會運動六天，確保每天都上健身房或是散步好幾公里。我的運動強度不高，但維持得很規律。人類的祖先每天都要奔走好幾公里，而且他們在一天內舉起的重量，絕對比我們一個月所舉的加起來都要多。我們的身體就是為了活動而生。

一　冥想

我之所以能夠從一直糾纏不去的陰沉思維中看到救贖的縫隙，是因為我學會了兩件事，後來的經驗更讓我知道這兩件事非常重要。第一個是我稱之為「壓力地圖」的工具，我用它來消除慢性壓力，第二個就是冥想。我的問題是我的大腦永遠靜不下來。各種想法不停嗡嗡作響、四處亂竄，讓我不得安寧！腦袋靜不下來已經夠糟了，但更糟糕的是，這些想法大都是負面的、

批評的，甚至是破壞性的。我每天都在喝下好幾百杯、好幾千杯魔鬼特調，每個思緒都在堆高我的壓力，我完全無法讓它們停下來。直到有一天，我學會了冥想。前面說過，冥想是一種在刺激和反應之間插入休止符的方式。在我開始冥想以前，我完全無法阻止腦海中的每一個負面想法作威作福；但練習冥想四週過後，我就有辦法辨識出每一個想法，在刺激和反應之間插入休止符，利用這段時間決定要怎麼看待及對待這個想法。

來吧，我們一起試看看！我接下來會分享平常進行集中冥想的方式，你可以試個五分鐘。如果你已經有過一些冥想經驗，應該對這些很了解了，不過這應該不妨礙你花五分鐘享受這個過程。

1. 背打直，靠著牆或椅子坐下，可以的話最好是蓮花盤坐，因為要是你坐得太舒服或是躺下，很可能會直接睡著，根本沒有冥想到。

2. 放鬆你的眉頭，放鬆你的臉頰，放鬆你的舌頭，放鬆你的下顎。放鬆你的肩膀、手臂還有雙腿。

3. 眼球不要轉動。眼球轉動容易引動思緒,而冥想時我們希望減少思緒。
4. 深深吸氣,緩緩吐氣,重複三次。
5. 閉上眼睛,繼續深呼吸,放慢吸氣,也放慢吐氣,慢到每分鐘只有七個呼吸。
6. 吸氣時默默說一聲「吸」,在吐氣時默默說一聲「吐」。
7. 你的腦海中一定會浮現出某些念頭。當你注意到它出現時,就想像你將它推出腦海的畫面。你可以把它從腦海的左邊、右邊、上面或下面推出去,方向並不重要。
8. 記住一個重點:不要批評自己,也不要因為思緒不斷從腦中冒出來而沮喪。像我就算已經冥想了很多年,也頂多只能三十秒不泛起任何思緒。一開始,我每秒都會湧出新的思緒,而且往往都是一次兩個。

只要你找到冥想的節奏,就會感受到它的奇妙。你的天使特調中將充滿提振情緒的血清素和振奮心神的多巴胺,還會加上一份γ-胺基丁酸(Gamma-

209　　PART 1 ｜ 老闆,一杯天使特調!

aminobutyric acid），也就是有名的GABA，這種物質可以減慢大腦的運轉速度，讓人感到幾分飄飄然。同時，你也會感覺到皮質醇的明顯降低，這會讓你感到更加開心、放鬆。大部分的人第一次冥想都找不到自己的節奏，但只要每天持續練習，就會不知不覺達到那個狀態！我一開始是每天冥想二十分鐘，持續了六個月。雖然練習冥想當下的感受很愉快，但更令人驚奇的，是長期實踐的影響。冥想可以預防焦慮和壓力、緩解疼痛、協助控制負面思考、緩解憂鬱症、減輕寂寞感、讓人更投入社交、提升自我覺察、活化創意、改善注意力、增強記憶力，以及增加同情心。最重要的是，冥想隨時隨地都可以進行，而且完全免費，甚至不用花費太多時間。研究顯示，只要養成習慣，每天冥想十三分鐘，持續八週就能達成很好的效果。如果你覺得自己沒有時間，這只代表你特別需要練習冥想。

冥想有很多類型，最常見的是集中冥想、感恩冥想和觀察冥想，不過基本過程都跟上面一樣，差別只是你在冥想時做了什麼。

在集中冥想時，你會專注於呼吸或是心跳，等你準備好放手，才讓思緒

你的人生，他們六個說了算！　　　210

自由遨遊。

感恩冥想的重點是感謝一切，感謝每個人，以及感謝自己。讓你的思緒從生活中的一個人流轉到下一個，並說聲謝謝。讓你的思緒從身體的一部分流轉到下一部分，並說聲謝謝。感恩冥想能協助改善我們的同情心。因此，如果這是你需要改進的地方，那這就是適合你的冥想形式。

觀察冥想則強調與你懷有的任何想法保持距離，並從遠處思索。你知道自己有這些想法，但練習不去批評，然後再將它們送出腦海。如果你想延長自己對刺激產生反應的時間，以及希望降低自己情緒反應的猛烈度，這種冥想方式就非常適合你。它最主要的效果，就是增強我們自我控制的能力、減少我們的批判與評論。

隨性所至的冥想

生活中隨時都有機會可以冥想。對我來說，這通常發生在潛水、淋浴，

創意冥想

如果你有小孩，或是自己還年輕的話，就一定還記得曾經流行過的指尖陀螺，這種玩具會在你的手指間持續旋轉好幾分鐘。有一天，我帶了一個造型特別酷炫，而且可以連轉三分鐘的指尖陀螺回家。我告訴女兒雷歐娜，有一種叫做陀螺冥想的東西。而她身為指尖陀螺的深度玩家，立刻就說她想要試試看。我叫她躺在地上，把陀螺放在她的額頭上開始旋轉。而她要做的就是閉上眼睛靜靜躺著，感受陀螺的運動，直到它停下來。三分鐘後，她睜開眼睛，臉上帶著有點飄然的表情說：「太棒了！我可以再做一次嗎？」那是雷歐娜第一次嘗試冥想，後來還把這教給了其他朋友。

接下來，我會協助你更理解天使特調，總結我們目前為止探討過的所有內

以及散步的時候。你可以思考自己想要在什麼時候短暫冥想一下，並試著增加更多冥想時間。理想的情況下，你應該將這種作法和每天固定的集中冥想結合。

天使特調與魔鬼特調

酒保靠向吧台,問你要來些什麼。

「來杯天使特調,睪固酮和腦內啡,用搖的,不要攪拌。」

「喔?今天發生什麼好事了嗎?」

「沒錯!今天是我餘生中的第一天,我想一大杯睪固酮的自信和腦內啡的喜樂應該非常適合這樣的日子!」

「不錯喔,這是你的飲料!」

為了讓你更方便調配自己的特調,並節省翻書的時間,我在後面的表格整理了本書中討論的六種物質,以及如何使用各種技巧刺激它們的分泌。

如果你想要列印一份彩色表格掛在家裡,可以掃描下一頁的 QR code,連到

容,並告訴你如何在每天早晨和晚上,或是你覺得適合的時候,輕鬆調一杯天使特調給自己。天使特調沒有任何副作用,只會幫你的生活增添更多美好。

還有什麼？

從 davidjpphillips.com 的資源頁面下載免費電子檔。

我有幾個珍藏的天使特調酒譜，以下是我最推薦你嘗試的配方。

設計你的晨起儀式

完善自我的計劃始於一日之晨。要設計晨起儀式，你需要幫每一種天使物質選擇一種激發工具，每天早晨都盡可能按部就班地舉行。

掃描這個 QR code 下載彩色版的表格。網頁上還有這本書的相關資源，包括激勵影片、插圖和冥想引導！

你的人生，他們六個說了算！　　214

多巴胺	催產素	血清素	腦內啡	睪固酮	皮質醇（降低）
刺激衝勁的情緒或記憶	擁抱	滿足	微笑	勝利	放鬆身體
維持慣性	肢體接觸	曬太陽	大笑	相信自己會贏	冥想
夢想藍圖	眼神接觸	調控飲食	吃辣	音樂	降低焦慮
冰水浴	優質性愛	正念	運動	調整身體姿態	壓力地圖
維持平衡	溫暖	消炎降火	音樂	鍛鍊肌肉	催產素
累積多巴胺刺激	寒冷	冥想	巧克力	侵略	消炎降火
分裝多巴胺	慷慨	性愛	跳舞	運動	運動
內在動機對抗外在誘因	紓壓音樂	社交地位	電影	電影	呼吸調息
多樣性	感同身受	微笑	圖畫	圖畫	轉換觀點
期待	感恩	開懷大笑	性愛	性愛	用多巴胺對抗皮質醇
社交	「荷歐波諾波諾」★	運動	回憶	運動	跳脫負面迴圈
書籍	書籍	回憶		回憶	糾正錯誤信念
電影	電影				突破認知失調
圖畫	圖畫				性愛
性愛	冥想				回憶
運動	回憶				
冥想					
回憶					

★ 古夏威夷一種基於和解和寬恕的替代療法。相似的傳統在南太平洋諸島亦可見到，包含薩摩亞、大溪地以及紐西蘭等地。

【壓力地圖】

如果你還沒填寫過，請回到皮質醇那章的第143頁完成你的壓力地圖，然後盡可能消除或解決這些壓力。你可以請朋友提供他們對這些壓力的看法，協助你找到新的解決方案。每半年就更新一次壓力地圖，因為你可能會發現

1. 看看你的夢想藍圖，根據它決定你要體驗什麼情緒來激勵自己（詳見多巴胺那一章）。
2. 跟你在乎的人聯絡感情，打電話、寄簡訊或錄影片給他們（催產素）。
3. 盡早出門，讓陽光灑在身上，回想一些正面的回憶（正向皮質醇和血清素）。
4. 運動，或者聽個精彩的 Podcast 或節目（血清素、腦內啡和多巴胺）。
5. 決定今天要贏下什麼樣的成果（睪固酮）。
6. 冥想或是呼吸練習（放鬆）。

你的人生，他們六個說了算！　　　　　　　　　　　　　　　216

一些之前沒注意到的壓力因素。

| 促發 |

「促發」（Priming）指的是一件事的發生會讓另一件事跟著啟動。而在這裡，我指的是幫自己設計一套專屬的冥想程序，逐一處理六種物質。就如大多數的冥想，第一步都是放鬆身體，深深吸氣，慢慢吐氣，放鬆臉上的肌肉。一旦你的狀態平靜，就可以展開冥想，依次處理每一種物質。你可以參考下面這個例子：

1. 回想你感激、愛與關懷別人的經驗（催產素）。
2. 回想你以往幸福、和諧、平靜、滿足有關的經驗（血清素）。
3. 回想讓你感到自豪、愛自己的經驗（血清素）。
4. 回想你開懷大笑的經驗（腦內啡）。
5. 回想你充滿動力的經驗，然後呼喚你對未來的期待，再想像你會獲得

217　　PART 1 ｜老闆，一杯天使特調！

怎樣的成功（多巴胺）。

6. 回想你掌握力量、努力奮鬥、獲勝、成功、自信的經驗（睪固酮）。

回想的順序很重要，因為一開始的深呼吸和放鬆會降低你的壓力，而隨後的冥想架構則能夠逐步協助你增強情緒，累積到一個強烈的高潮。你可以搭配音樂進行冥想，如果你和我朋友一樣認真，還可以配合自己準備回想的事情，幫每一種物質各準備兩分鐘的配樂，剪成你專屬的冥想合輯。

「選擇你的本日特調」

還有一個簡單的方法適合用來展開新的一天，那就是刻意練習觸發你想體驗的物質，然後在這一整天裡多觸發幾次。你想要的話也可以選擇兩種物質，但最好不要選到三種，不然很容易會錯亂。以下是一些基本原則，可以協助你選擇要練習觸發什麼物質。選好以後，就回去相關的章節，練習我在裡頭列出的技巧。等你記住了做法，就可以放手實作了！

你的人生，他們六個說了算！　　218

- 不愛自己、缺乏自尊：血清素
- 欠缺動力、提不起勁：多巴胺
- 在某個領域缺乏自信：睪固酮
- 沒有精力、無法專心：多巴胺
- 不幸福：壓力地圖（皮質醇和血清素）
- 性慾不振：紓壓技巧（皮質醇）
- 無法活在當下：催產素和血清素

|助人|

另一個有趣的方法是：請別人喝一杯天使特調。當我們對自己、對人生越滿意，我們就越樂意幫助他人。而且，當我們幫助他人，就有機會去體會和分享對方的感受，可以說是真正的雙贏！

我不知道你有沒有小孩、團隊，或是朋友？如果有的話，那你就有很多

| 幫朋友分類 |

機會可以練習幫助他人了。查一查前面的天使特調表，選擇用一種技巧來幫助別人。你可以誇獎他們、對他們伸出援手，或是在其他人面前肯定他們，刻意提升他們的社交地位，慷慨和幫助他人會帶來不可思議的感覺，刺激催產素大量分泌，往你自己手中那杯天使特調加入更多奇蹟。

雖然乍聽之下有點好笑，但只要仔細想想，就知道這樣做其實很有效。

所謂幫朋友分類，是指幫他們貼上不同物質的標籤，這樣你就知道可以去找誰補充什麼物質。我大部分好朋友都當過我的天使物質供應商，而我也問過他們覺得和我聊天可以觸發什麼物質。

如果我想為生活增加一些輕鬆愉快的氛圍，我會打給馬庫斯。每次跟他聊完，我都會覺得到滿滿的腦內啡和血清素。腦內啡是因為我們會在每件事上找到一樣的笑點。此外，他也總是能幫我改善自己的主觀社交地位，促進我的血清素分泌。

220

當我需要提醒自己生而為人真正的意義，還有認真關心其他人的時候，我就會找瑪麗亞。沒有人能像她一樣，讓我製造那麼多的催產素。如果我需要一些踏實感，我會找克里斯特。有時候，我那渴求多巴胺的大腦會不知不覺飄進雲端，但只要跟早上還在林場開集材車的克里斯特聊個十五分鐘，我就會重新回到地表，跟他聊天能讓我發現生活其實很單純。而當我需要調整節奏時，我會找馬格努斯。他的血清素非常充足，不管事情再怎麼繁忙，他都能保持冷靜，我身邊沒有人比他更懂怎麼品嚐咖啡。我們兩個就像光譜的兩端，完全相反；每次見到他我都會覺得，多巴胺不只讓我飛得太高，也讓我跑得太快了。

|處理焦點提問|

我們關注的事物會在我們心中激起情感，這些情感的性質會影響我們決策的品質。而我們決策的品質，又會影響我們的生活品質。因此，我們應該經常注意自己在關注些什麼。人類往往是靠陳述和提問來理解周遭的世界。

PART 1 老闆，一杯天使特調！

比如我們可能會在心裡嘀咕：「哦，那個誰一定很忙。」，或是「哇，那個誰的車怎麼這麼髒啊！」；或是「這件事會不會出什麼差錯？」、「我是哪裡有問題？」內心的提問往往比陳述更容易影響我們的情感，因為提問一定是向深處探掘，這也是為什麼我們要優先處理提問。此外，成功改變我們反覆內心提出的問題，通常也會改變我們內心的陳述。

我把這些問題稱為焦點提問（focus question）。如果你的焦點提問是正面的，你的天使特調就會有更多正面的滋味。比如焦點提問是「如何更專注於當下？」可以增加你的催產素，而「我有什麼優點？」則有助於提高血清素。至於像「會不會出什麼差錯？」或「這世界出了什麼問題？」等負面焦點提問，往往會變成惡魔特調的材料。大腦的主要任務是讓我們活下去，因此人類本來就比較容易聚焦在負面，而不是正面的提問；但反過來說，只要用比較正面的方法重述焦點提問，就很快能得到正面的成果。在我和團隊從過去舉辦的無數場自我調控課程中，收集了一千多個不同的焦點提問，以下是最常見的八個，以及關於如何將它們轉化成正面焦點提問的建議。

負面提問	正面提問
會不會出什麼差錯？	會不會發生什麼好事？
要是我沒那麼做會有什麼下場？	我可以從這件事學到什麼？
我有什麼問題？	我有什麼優點？
我之後該怎麼辦？	我要怎麼專注在這一刻？
我是不是不正常？	我要如何鼓勵其他人？
我會不會失敗或是受傷？	我能不能克服這個挑戰？
我是不是再也不會進步了？	我要怎麼享受現在擁有的一切？
我配得上我的另一半嗎？	我該怎麼實現自己最好的一面？

也許你的焦點提問也在這裡面；但如果沒有的話，你就需要找出自己的焦點提問，從中學習如何聆聽自己內心的聲音。一旦你發現自己心中有某個反覆出現的負面提問，就應該好好思考，該怎麼用比較正面的提問來取代，接著就是演練。經常對自己複誦這個正面提問，並給它一些時間，你執著的

PART 1 │ 老闆，一杯天使特調！

問題終將逐漸有所改變，同時這也會改變你的特調配方。曾經，我只要進入一個空間或是認識新的人，就會觸發同一個負面焦點提問：「會不會出什麼差錯？」正是這一個焦點提問導致了我後來的憂鬱症。每天自問好幾百次「會不會出什麼差錯？」是很難帶來正面情緒的，更不可能變成一杯天使特調。最後，我試著用「會不會發生什麼有趣的事情？」來取代這個提問。經過幾個月的堅持，這個提問終於在我心裡生了根，並且帶來驚人的轉變。

天使酒館，全天無休

歡迎光臨天使酒館！今天想喝什麼？你已經知道天使特調不只一款。現在該穿上酒保吊帶，整理鬍子，練習最常用的十二款特調了。

── 準備約會，或者面試（睪固酮、催產素）──

回憶過去的成功和勝利，提升你的睪固酮和自信心。最好搭配讓你感到

你的人生，他們六個說了算！　　224

成功、強悍和勇敢的音樂。用世界之王的姿態走來走去、活動肢體。準備一些催產素，在需要的時候加進去，達到最好的效果。比如看一段能引起你同情共感的影片。

| 學習效率（多巴胺、睪固酮）|

學習需要保持高度專注，用最佳狀態記下學到的知識。多巴胺可以幫助你達到這個狀態。你可以想像學習給你帶來的好處，或是學習這個主題帶給你的樂趣。如果這樣沒有用，你也可以在讀書前運動，增加多巴胺分泌。另外，減少速效多巴胺和皮質醇的來源也很重要，把手機或平板放在其他房間是個不錯的辦法。多巴胺的效果過了一段時間就會減弱，所以讀書時應該每四十到六十分鐘就休息一下幫自己充電。為了增強對學習的自信，你可以每次通過考試都慶祝一下，刺激睪固酮分泌。

社交場合（腦內啡、睪固酮、催產素）

當你準備參加社交活動，增加這三種物質能提升你的社交能力。首先，花半小時看一些讓你發笑的東西，比如網路上的搞笑短片，增加一些腦內啡。接著在前往活動的途中聽點讓你振奮的音樂提升睪固酮。這樣等你到達現場，就可以去找令你真正感興趣的人聊天，讓大腦釋放催產素。記得避開會影響你主觀社交地位，或是干擾你的血清素——也就是會讓你感到自卑的人。

衝突邊緣（催產素、血清素、多巴胺）

感受到醞釀中的衝突會增加我們的壓力，妨礙我們清晰思考。為了避免這種狀況，你可以試著刺激副交感神經系統，比如放鬆身體的肌肉、平靜地呼吸、用輕拍、按摩等動作安撫自己，還有去倒杯熱飲，直接或間接提升催產素濃度。碰到衝突時，我們的本能反應是壓制對方的血清素，讓他們也感到同樣的痛苦。常見的戰術包括貶低對方、打壓對方的社交地位，或是拿他

們不相干的缺陷和錯誤借題發揮。但這種行為最好避免，因為這麼做只會拉開彼此的距離，激起對方的防禦心。衝突應該是一種機會，讓我們能夠成長、發展內在，以及進一步了解陪伴在身邊的人。為了做到這一點，可以在衝突前先多補充一點多巴胺，試著探究這場衝突是因為什麼情緒怎麼引起的，思考解決時的感覺會有多美好，並且把衝突當作改善彼此關係的好機會。

創意繽紛（多巴胺、血清素）

當我們要進行創造性任務時，可以結合血清素和多巴胺的動力，調配出一種奇異的組合。促發這些物質最簡單的方法，是運動或者泡冰水浴，雙管齊下也不錯。創造的過程通常分為兩個步驟，首先是蒐集點子，最好的作法是去新的地方探險、認識新的人或者吸收新知識。這三種活動都能刺激多巴胺分泌，並在多巴胺刺激下表現得更積極。多巴胺在創作時還扮演著另一個有趣的角色：維持衝勁。有時候不管我們怎麼運動、泡冰水或蒐集靈感，腦子

迅速入眠（催產素、皮質醇）

身體承受過大的壓力時，基本上是不可能睡著的。壓力會讓你的思緒狂奔，讓你的腦中充斥影像與感官記憶，你會在床上翻來覆去，根本無法入睡。要脫離這種狀態，最有效的方法是增加催產素，並啟動副交感神經系統。而最好的技巧之一就是在睡前花十分鐘冥想；另一個技巧則是在睡前淋浴或是泡個熱水澡。接著躺在床上深呼吸，把呼吸減少到每分鐘八次甚至六次，試著讓身體感到放鬆。如果有辦法的話，盡量讓眼睛保持靜止。我保證如果你這麼做，睡眠狀態一定會有所改變。另外，睡前也最好避免刺激皮質醇的行為，比如用電腦工作、觀看以及閱讀讓你覺得有壓力的東西。除此之外，還有很多關於一覺好眠的訣竅，但以上幾點是最重要的。

就是無法開機，這時最好的突破方針就是直接動手。畢竟，多巴胺通常會帶來更多的多巴胺。一旦你的創造力開始運作，就算只有動一點點，多巴胺還是會像飛輪一樣越轉越快。

清爽起床（多巴胺、催產素）

睜開眼的時候，皮質醇濃度會自然升高，讓你有能量展開新的一天。如果你出去曬曬太陽，在起床後的第一時間花二十分鐘散步，這種效果又會更好。這時候，你可以再結合多巴胺，想想你今天要幹些什麼有趣好玩的事情。如果你想不到，就定下一些自己會期待實現的計劃。這些事情不用很複雜，比如買今年的第一桶冰淇淋、造訪你注意很久但還沒進去過的咖啡店、練習某種技能，或是打電話給朋友。等你回到家，再往這些多巴胺裡頭甩幾滴優質的催產素。比如躺下來一分鐘，感謝昨天發生的好事情——比如某人說的話、做的事，或是你經歷的某件事。

歡慶多多（睪固酮、血清素）

有太多人忘記了，或是很少會歡慶生活中遇到的大小喜事，但「恰到好處」的歡慶習慣會鼓勵你更重視各種開心的時刻。因此我的第一個建議是：

慶祝永遠不嫌少，即使是一丁點小成就，比如完成一趟散步、冒險離開舒適圈、成功保持專注或是逗笑別人，都應該認真慶祝一下。你可以站到高處，感受四周，專心享受這件事的正面意義，激發你內心的自豪感。慶祝大大小小的成就可以刺激睪固酮分泌，提高你的自信心；而在慶祝時著重於感受的細節，也可以提升自尊心和血清素濃度。

―― 墜入愛河（催產素、血清素、多巴胺、皮質醇、腦內啡）――

雖然有點不可置信，但愛情的火花是可以鋪陳的。長時間的眼神交流、提出私人問題還有積極聆聽，以及分享自己的親身經驗，都會引起催產素大量分泌。接著就可以嘗試短暫的肢體接觸。讚美可以提高對方的主觀社交地位，並有可能增加他們的延長碰觸的時間。如果你能逗笑對方，腦內啡也會讓對方更放鬆、更想繼續跟你相處。稍微讓對方感覺到一些壓力，也會讓對方把身體的反應解釋成內心的

230

興奮，最經典的作法就是看恐怖片或是坐雲霄飛車。這些活動都能增強你們兩人的連結感，而連結感往往就是戀愛的序曲。

清澈決斷（多巴胺、皮質醇）

什麼時候最適合做出困難的決定？這個問題很難回答。如果你在多巴胺高漲，覺得自己可以征服世界時做出對未來影響重大的決定，很可能馬上就會被焦慮吞噬，因為你對別人做了不切實際的承諾。但反過來說，如果你在多巴胺低落時做出決定，又可能會太過悲觀和謹慎，無法抓住可能確實改善生活的契機。因此，我建議你在多巴胺適中時做出重要決定，這代表你的決定反映了你的平均情緒，而且多半能避免多巴胺的副作用妨礙你的決定。另一個建議則是避免在壓力下做決定，因為壓力下做的決定往往是為立刻緩解痛苦，沒有考慮到長遠後果。總之，最理想的狀況，是選擇在血清素和皮質醇濃度大致正常時，進行重要的決策。

231　　PART 1 ｜ 老闆，一杯天使特調！

挑戰困難（血清素、多巴胺、睪固酮、催產素、腦內啡）

要害羞的人上台演講，或是要害怕衝突的人回饋意見，通常都是很不容易的挑戰，因為這會耗費我們大量的意志與能量。對於這種情況，我的建議如下：利用早晨自然的血清素高峰，在午餐前完成手中的困難任務。這除了可以帶來寬慰，還會讓你一整天都覺得自己很棒。你還可以先思考預期中的正面成果，先製造足夠的多巴胺，而不是盯著想像中的困難累積皮質醇。提高睪固酮濃度也可能有幫助，因為睪固酮能減弱你的衝動控制，並提高你的自信心。聽一些讓你振奮激昂的音樂就是不錯的辦法。接著，在心中想像實現預期成果時的情景，把每一個細節的視覺化；如果有可能的話，你可以喚醒自己的侵略性，打破阻礙你實現目標的事物。如果你準備做的困難任務讓你備感壓力，使用催產素可以幫上很多忙，而且只要試著放鬆和深呼吸就可以了。

最後，如果你覺得適合的話也可以好好笑一下，用腦內啡降低痛苦。

挑戰的一個好例子，是我一直教學員做的冰水浴。因為我知道冰水浴可能會很困難，所以我刻意把它安排在早起的第一件事（血清素），並鼓勵學員把重點放在泡完冰水浴後，會對這份成就感到多麼自豪，而不是去想泡在冰水裡有多痛苦（多巴胺）。而在下水前，我會要求他們站在高處，回想大膽和堅強的感受（睪固酮）。等他們下水，我會指示所有人放慢呼吸（腦內啡），並在他們設法待在水裡的同時，要他們露出笑容以便放鬆下來（催產素），等他們結束離開水中，我還會再特別鼓勵他們慶祝自己通過了這個挑戰（血清素和睪固酮）。

製造動力（多巴胺、睪固酮）

動機通常發自內心，但我們也可以幫自己虛構動機。先說真誠的動機，這種動機其實很容易產生，只需要思考你想實現的目標，並享受活動本身就可以了。比如說，如果你需要清理院子，卻提不起勁這麼做的話，可以想像掃乾淨以後庭院美麗的樣子，以及你完成以後的成就感。你還應該好好享受

清理庭院的過程，留意你看著草坪在耙子下越變越乾淨的感覺，而且絕對不要在做事時聽 Podcast，以免多巴胺囤積——這等於是毫無理由依賴虛構的動機。多巴胺的力量在跟睪固酮結合時特別強大，所以你可以預想勝利的時刻，聆聽激昂振奮的音樂，用主宰世界的姿態行走、站立、打理你的庭院。但最重要的，是把整理乾淨院子的每一步都當成一場勝利，並為每一場勝利歡呼！

接著我們來看看如何利用虛構動機。人類情緒很有趣的一點是，我們的大腦其實並不擅長判斷個別情緒是怎麼來的。這意味著我們可以從一個角度創造動力，然後用在完全不同的地方。比如說，如果你不喜歡清理院子的落葉，你可以先做一些運動。運動會提高多巴胺濃度，讓討厭的差事感覺起來會變得容易許多。而你最應該避免的就是相反的行為：在整理庭院以前先耍廢兩個小時。就算是世界上最自律的人，也無法忽視速效和緩效多巴胺之間的差別，耍廢很可能讓你迅速改變主意，選擇躺回沙發上繼續滑社群媒體。

你的人生，他們六個說了算！　　　　　　　　　234

魔鬼特調

「麻煩一下,來杯魔鬼特調!」真的有人會喝這種東西嗎?說真的,還不少。只不過大多數人根本沒意識到自己點了什麼,魔鬼特調就已經下肚了。為了避免著了魔鬼的道,我們最好認識一下特調裡最經典的六種毒酒。

毒酒1:自我忽視

「魔鬼特調」最常加的毒酒就是自我忽視。當事人的身體可能正在慢性發炎,或是承受了好一段時間的心理或生理困擾。即使本人沒有意識,發炎或痛苦引起的壓力仍會日漸摧殘他們的情緒。

毒酒2：無動於衷

第二種毒酒是「無動於衷」。喝下這款特調的人會不允許自己感受或表達出正面的情感，始終保持悶悶不樂的狀態。

這些人通常只是沒有學過怎麼表達、體驗或溝通正面情感。不過有時候也可能是因為曾經受到某些創傷。但只要經過練習，他們還是能鼓起勇氣去感受、展現和表達自己的情感。

毒酒3：消極被動

這些人或多或少能有意識地做出選擇，但卻難以掙脫消極被動的狀態。他們活著是為了等待週末，而工作的日子則是不得不撐過去的勞苦重擔。他們選擇在平日封閉一部分的情感，原因也許是不喜歡自己的工作，也許是覺得這種日子沒什麼意義，但有時候也可能是因為在工作場所或學校碰到了霸

毒酒4：身心交瘁

這種「魔鬼特調」也非常常見，其主要來源是人在工作或私生活中超出負荷所引起的慢性壓力。積年累月之下，壓力可能會影響體內的多巴胺（動力和愉悅）、血清素（滿足和自尊）以及睪固酮、黃體素和雌激素（性荷爾蒙）的自然平衡，然後又反過來影響性欲和自信等等情緒。

凌。一週下來的情感封閉，加上喝不到「天使特調」，讓他們把週末當成了生活中唯一的綠洲。但人生沒有天天在週末的，星期一總是會來，把他們擺回悲慘人生的軌道。會喝下這款毒酒，基本上是因為生活中缺少「天使特調」的成分。

毒酒5：委身黑暗

最糟糕的「魔鬼特調」，是像《哈利波特》中的佛地魔一樣，惡用每一種物質的「黑暗」力量。比如靠著貶低其他群體來產生連結感（黑暗催產素）；使用各種支配技巧提升自己的社會地位（黑暗血清素）；將勝利和成功歸為己有，剝奪他人的睪固酮。

毒酒6：自困愁城

這種毒酒也相當常見，喝下的人會自己定位成「受害者」，迷失在角色中，並且緊抓著通往自毀結局的血清素（社會地位）和催產素（連結感）來源不放。他們往往刻意貶低自己，為自己惹出一堆麻煩，然後沉浸於悲慘處境所帶來的關注。除了關注，同類人和朋友往往也會對他們表現同情，試圖幫助他們。他們也藉此感覺到被人接受，以及體驗到親密感（催產素）。這

種毒酒的危險性在於人們很容易陷入其中，而且沒有外力幫助就很難逃脫。

本章摘要

多數人平常會喝天使特調，也會喝魔鬼特調，更多時候是混在一起喝。如果忽略一些滿足不了的願望，或是人生還有更多可能的感覺，那這種日子也往往還過得去。

但有些人喝的魔鬼特調比天使特調還要多，這時他們的生活就會陷入濃濃迷霧之中；然而，這個過程非常漸進，所以幾乎察覺不到。隨著日子一天一天地過，魔鬼特調一杯一杯地喝，他們會逐漸覺得越來越疲憊、空虛。接踵而來的是反覆的自我批評，然後進一步加重負面情緒。為了彌補這種情緒，他們可能會用各種方法攝取速效多巴胺，比如沉迷滑手機、玩遊戲、吃零食糖果、拚命叫不健康的外送、成天盯著新聞、Ａ片或社群媒體。這通常也代表社交刺激和身體活動雙雙減少；情況嚴重的話，人會感到失去希望，並且

為了追求多巴胺的刺激，開始出現賭博、暴食、酗酒等成癮行為。長期過度飲用魔鬼特調會讓人陷入痛苦，出現憂鬱或焦慮的症狀，而且很多人都不知道該怎麼做才能改變自己的處境。

如果你就是那種長期過量飲用惡魔特調的人，或許會很絕望；但我也有一個好消息：無論你常喝哪一款毒酒，隨時都可以改喝天使特調！不管你現況如何，只要改變就會有影響。而當你改變得夠久，就會發現堅持越來越容易。迷霧終會散去，那困住你的玻璃圍牆，也將隨著生命力的恢復而破碎。

要停止過量飲用惡魔特調，我有四點建議：

1. 使用壓力地圖，並根據地圖上顯示的訊息立刻行動。更多關於壓力荷爾蒙皮質醇的資訊，請參閱第 143 頁的相關章節。

2. 減少攝取速效多巴胺，請運用第 40 頁相關章節中的工具，攝取緩效多巴胺。

3. 養成習慣，經常使用第66頁〈催產素〉一章裡列出的工具。

4. 運用第107頁〈血清素〉一章裡介紹的工具，學習愛自己，少批評自己。

除了這四點以外，你也應該開始固定運動，就算只是走一小段路也可以。還有每天都要冥想，用第199頁提到的工具來改善睡眠。

PART 2

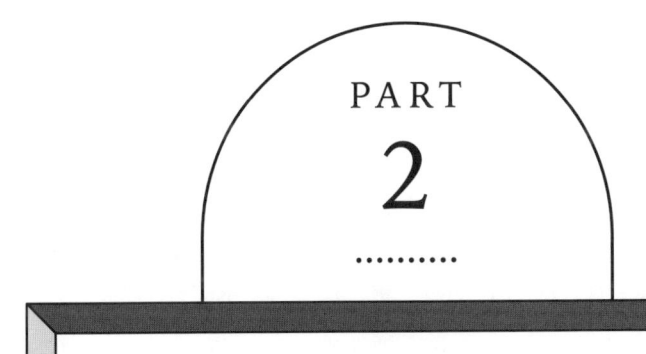

決定
你的未來

歡迎來到本書下卷！這裡內容雖然不多也不複雜，但是不要因為簡單就把書放下。達文西說過，精簡是最極致的巧飾，而這也是你在本章應該保持的心態。如果你想學會怎麼在將來這一生裡，隨時隨地幫自己弄一杯「天使特調」，以下的內容就是奧妙所在。

喜歡音樂有兩種不同的方式。一種是主動地製造音樂，一種是被動地聽音樂。目前為止，我們都在學怎麼製造音樂。像是靠大笑釋放腦內啡，小的勝利收穫睪固酮，還有用擁抱促進催產素，搖出屬於自己的天使特調。現在該來學習怎麼聽音樂了，培養大腦在沒有刻意努力的時候被動釋放腦內啡、睪固酮和催產素了。

我想邀請你和我一起想像某個涼爽的七月黃昏傍晚，看著太陽就著地平線落下，眼前的麥田沐浴在夕陽溫暖的琥珀色光芒中。一陣輕輕的夏季微風穿過麥田，指引著你穿越茂密的穀穗走向田的另一邊。過了一會，你到了目的地；你轉身看著你來的方向，幾乎看不到你走過的痕跡。這段路程非常愉快，讓你決定再走一次，又一次。到了夏天結束時，你至少走了一百次，每

你的人生，他們六個說了算！　　244

次穿越都留下了更清晰的足跡。現在，想像一下你不知為何，已經走過了這片麥田十萬次。這次又會踩出怎樣的小徑？這條路變得很好走，穿過它不需要多少力氣。你不介意一走再走，因為它讓你感到非常熟悉，非常安全。這就是你一直以來的思考和行為。每個重複出現的想法、真相或行為都是一條路，你沿著其中某些路徑走了數十次，甚至數十萬次。你習慣了這些思想和行為，它們代表著安全、簡單且節能的路線。

但也許有一天你會想說：我走膩這條穿過麥田的路了，而且它始終沒有帶我去我想去的地方。我要走一條新的路！於是，你往左走了大概五十步，開始踏上新的道路。新的方向一點也不簡單。大腦對著你抱怨：算了吧！這樣太白痴了，為什麼要做這種事？明明走那邊就可以到你常去的咖啡店了啊。但你下定決心要走到底，終於，變化發生了。畢竟，沒有人走的路很快會被新的麥草盤據。

過了一陣子，新的路走起來就會更快、更輕鬆。等你在新的路上走了夠多次，舊的路已經幾乎看不見了。這就像有時候拿出很久以前的日記，我們會發現

一 神經可塑性：慢與重複

以前有很長一段時間，人們都覺得大腦是不會變化的，而現在依舊有很多人深信自己天生沒有跳舞、烹飪、尋找方向、講笑話、演講、領導、推銷

那些曾經困擾我們、曾經擋住我們人生的習慣，如今已經不剩半點痕跡了。

我用這個比喻，是希望你可以理解，新的想法、真相和行為只要重複夠多次，都可以替代舊有的習慣。新的生活方式也是如此，養成「多微笑」的習慣就是一個例子。真心的微笑可以為你提供多巴胺、血清素和腦內啡的神奇特調。如果你決定練習更常微笑，那每次你這樣做，就是在大腦內踏上新的路途；等到幾個月或是一年過後的某一天，你就會赫然驚覺，自己比以前更常微笑，甚至不須刻意練習。恭喜！你已經學會怎麼聽音樂，不用刻意寫歌了。你正在不假思索幫自己調製「被動」的天使特調。而科學家會把你的努力稱作「神經可塑性」（neuroplacticity）。

等才能。這種心態壓抑了每個人在相關領域的成長，有時甚至完全抑制了個人成長。根據卡蘿・杜維克[34]的研究，這叫做定型心態（fixed mindset）。說實話，相信自己可以在某個領域取得進步、積極成長的人，實際上確實可以做到。這就是所謂的成長心態（growth mindset）。我們知道大腦有可塑性，也知道我們可以決定要不要，還有在什麼時候讓大腦快樂。現在問問自己，你覺不覺得自己有選擇快樂、自豪、自愛和自信的自由？如果你相信自己有，那你就有！但如果你不這麼覺得，那你應該想辦法讓自己改變想法。這個過程也許有點漫長，但並非不可能。試著用開放的心態讀下去，跟其他開明、有好奇心的朋友討論你的問題，因為他們通常都擁有成長心態。試著從他們身上獲得靈感，調整自己的看法。人類其實很容易被環境影響，任何事情都有可能改變我們的信念。因此，最重要的其實是相信自己有力量改變行為，還有決定的幸福。

34 Carol Dweck，史丹佛大學心理學教授，美國人文與科學院院士，被廣泛視為性格、社會心理學及發展心理學等領域全球最頂尖的研究學者之一，代表作為《心態致勝》。

247　PART 2 ｜ 決定你的未來

想像一下，你感染了一種神秘的熱帶病毒，必須在一家專業醫院隔離十二週。醫療人員把你帶進一個空無一物的蒼白房間，唯一的小窗戶對面是一堵磚牆，每天的餐點都是從房間另一頭的小窗戶送進來。幸好院方很貼心，給了你一台電腦，讓你還有些娛樂。這種日子可能有點孤獨，但還不到無法忍受。有一天，你從新聞上讀到一個科學研究，指出紅髮的人因為最近大氣變化，基因結構也產生變化，因此更容易產生極端的暴力行為。文章裡警告你不要與紅髮的人對上目光。在接下來的十二週裡，你又讀到很多新聞說紅髮的人犯下了暴力罪行。直到最後一天，院方認為你可以重新接觸一般人，不會造成危險，並把你從病房釋放出來。在醫院門口，你遇到一個紅髮男子，而你發現自己縮了一下。這聽起來也許有點奇怪，畢竟有誰會散播謊言詆毀紅髮的人？但是如果你仔細思考，就會發現新聞媒體和社群媒體其實就是這麼運作的。它們讓你相信你本來不會相信的事情，而你甚至沒有真正意識到自己相信了這些。比如說，媒體向來傾向強調負面新聞，這往往讓我們對世界的實際狀態產生偏見。在這十二個星期裡，你的神聞，而非正面新

你的人生，他們六個說了算！　　248

經已經被塑造了，導致你在看到紅頭髮的人時，就自動為你端上一杯魔鬼特調雞尾酒。

我認為，不管你餵什麼給大腦，只要花的時間夠久，這些最終都會變成屬於你的「真相」。如果你以前沒辦法控制大腦吸收到什麼，就表示你放任父母、朋友、文化、傳統媒體和社群媒體來為你選擇要吸收什麼，讓你交往的人有意識或無意識地對你的大腦灌輸思想，寫下你大腦所依循的程式。你每天選擇輸入什麼東西到大腦裡，都會在你心裡的麥田踩下道路，決定你最後喝下怎麼樣的特調。神經可塑性從不休息。它會不斷塑造你的大腦，確保你在任何情況都能發揮最佳效能。這個過程會不斷重複，將你塑造成現在這個人。學術上來說，你每次重複特定的記憶和活動（神經連接和神經元），就會強化這條路徑，而你不常重複的則會逐漸減弱。也就是說，你的大腦會因為你選擇了什麼，發生器質性的變化；而反過來說，只要你選擇餵養大腦對的東西，就可以在大腦內創造永久性、自動化的天使特調製造機。

249　　PART 2 ｜決定你的未來

想改變要怎麼做？

但或許你內心已經有了一些不同。本書中的建議和作法可能已經給了你新的靈感，讓你想在心中的麥田開闢出新的道路。一旦有什麼事讓你豁然開朗，或是變得無比合理，改變有可能在突然之間發生。然而，頓悟未必能留下長久的痕跡，也很難順應你的需要產生，更不可能預期它會發生。因此更好的辦法是採用可預測，但比較沒那麼絢爛的重複機制。根據神經可塑性的研究，大腦只需要四週就會出現可見的變化，而這些變化又會隨著時間變得越來越顯著。雖然多數研究都不超過十二週，但一些為期較長的研究顯示，這些變化還會繼續維持。不過基於腦科學和我自己的經驗，八個星期似乎是一個神奇的時間。經過這段時間，練習的成果就算沒有刻意觸發，也會自己默默啟動。換句話說，只要努力八個星期，你就會聽見自己努力創作的音樂。

不同工具進入自動運轉的時間各有不同，短的只需要四週，而長的需要多達四十週。沒有人可以確定改變特定行為或習慣的思維模式需要多久。決定這

點的因素包括基因、表觀遺傳學（行為和環境如何影響基因運作的變化）、現有的行為模式、當事人習慣成長還是固定思維模式、練習的頻率、重複的時間長短，以及個人生活的具體狀況。然而，我們的確知道改變自己確實有可能。時間的長短並不重要，重要的是你決定從現在開始主動進行培訓，以達成想要的感覺和狀態。距離我擺脫憂鬱症的思維已經快要六年了，而這個過程中最令人興奮的部分，就是每天早上醒來看向我床邊的願景藍圖，選擇今天要練習使用的工具。如此日復一日、年復一年，我也覺得自己越變越好，好到有時候我會懷疑，這種進步會不會在某天突然停下來。當然，我有時候也會跟大家一樣陷入低潮，但自從知道如何打破這種模式以後，我就更常感受到生活有多美好了！

新生活

你和我，以及每一個人都不得不面對一個事實：我們必須接受，我們如今所面對的世界實在太複雜了。我們每天都被灌輸無數的新聞報導，面對廣大不可動搖的極端社會構造，面臨無窮無盡的選擇，生活裡缺乏自然的活動，關心的只有績效，還要時時抵抗速食和糖的誘惑，抵抗碳水化合物和糖分的誘惑；此外，被直升機家長養大的世代，比過去任何一個世代都需要更多的刺激，而這一切現象都在挑戰著我們的心智。或許就連兩萬五千年前鄧肯和格蕾絲住的世界，都沒有現在這麼難以生存──不過還是要說，現代的醫療、保險、牙醫和禁止互相殺戮的法律都是相當重要的進步！

我們一直有一種幻想，覺得現在這個世界，是所有可能存在的世界中最單純、最美好的。但如果我們繼續允許廣告、信件、新聞和媒體影響我們，我們

你的人生，他們六個說了算！　　252

就幾乎註定陷入慢性的絕望。因為我們畢竟是生物，而我們所創造的社會與文化對生物來說，本質上就是不自然的環境。也因此在當代，選擇自己要被設計成什麼樣子，也比過往任何一個時代都還重要。你必須選擇要讓別人設計你的樣貌，過著被動、懈怠的日子，還是要決定現在和未來的自己是誰？

你想要心靈平靜嗎？還是想過得更快樂？如果是的話，我都要告訴你：為自己負責，然後打造自己的樣貌。所謂設計自己，包括了選擇要思考什麼東西、跟哪些人交往、讀什麼樣的書、避免什麼新聞、吃什麼食物⋯⋯等等等等。我在擺脫憂鬱症以後，就注意到我一直被社會給予的選擇擺佈，放任自己成為生產線上的罐頭。我曾經鍛鍊身體，曾經控制飲食，但壓力始終沒有遠離我，因為我早就被這個社會結構設計好了。我曾經相信成功就是勤勞工作、拚命工作，擁有很多東西。放屁！成功是成為最好、最完善的自己，是擁抱讓你最自在的行為、最坦然的想法，一旦進入這種狀態，你就無所不能了。

世上沒有速成的幸福，因為幸福是生活的軌跡。

致謝

如果我的妻子瑪麗亞・菲利浦斯沒有教我自我調控，這本書就不會誕生。

我也要感謝我聰明的孩子，安東、特里斯坦和雷歐娜，感謝你們在每天的閒談裡帶給我們靈感，讓我們思考這些題目。還有成千上萬名參加過我課程的學員，一直以來熱心地給我各種回饋。感謝 David Klemetz 跟我合作，這次經驗非常寶貴。還有這本書的發行人 Adam Dahlin，感謝你這一路上的鼓勵；當然還有 Edith 跟 Maria，感謝妳們負責國際代理，把我這本書送到各位讀者手中。最後，我也要謝謝自己學會了自我調控，這是我做過最好的決定。

| 自助資源 |

你願意繼續成長嗎?
掃描下面的 QR code,前往我們為本書特別準備的實踐手冊、鼓勵影片、練習方式、插圖和冥想引導!

資源網頁上還有關於 WOW 課程的資訊。這份自我調控課程將從基礎開始改變你的生活。你也可以輸入以下網址下載這組資源。davidjpphillips.com/resources。

國家圖書館出版品預行編目資料

你的人生,他們六個說了算!!:決定你一生的六種物質 / 大衛.JP.菲利浦斯(David JP Phillips) 著;劉維人、盧靜 譯. -- 初版. -- 臺北市:平安文化有限公司, 2025.1
面; 公分. -- (平安叢書;第825種)(我在;02)
譯自:Sex substanser som förändrar ditt liv : dopamin, oxytocin, serotonin, kortisol, endorfin, testosteron

ISBN 978-626-7650-02-8 (平裝)

1.CST: 激素

399.54　　　　　　　　　113019524

平安叢書第825種
我在 02
**你的人生,
他們六個說了算!**
決定你一生的六種物質

Sex substanser som förändrar ditt liv : dopamin, oxytocin, serotonin, kortisol, endorfin, testosteron

Copyright © 2022 by David JP Phillips
This edition arranged with Enberg Agency AB
through Andrew Nurnberg Associates International Limited
Complex Chinese edition copyright © 2025 by Ping's Publications, Ltd.
All Rights Reserved.

作　　　者—大衛・JP・菲利浦斯
譯　　　者—劉維人、盧　靜
發 行 人—平　雲
出版發行—平安文化有限公司
　　　　　臺北市敦化北路120巷50號
　　　　　電話◎02-27168888
　　　　　郵撥帳號◎18420815號
　　　　　皇冠出版社(香港)有限公司
　　　　　香港銅鑼灣道180號百樂商業中心
　　　　　19字樓1903室
　　　　　電話◎2529-1778　傳真◎2527-0904

總 編 輯—許婷婷
副總編輯—平　靜
責任編輯—陳思宇
美術設計—江孟達、李偉涵
行銷企劃—鄭雅方
著作完成日期—2022年
初版一刷日期—2025年1月
初版九刷日期—2025年9月
法律顧問—王惠光律師
有著作權・翻印必究
如有破損或裝訂錯誤,請寄回本社更換
讀者服務傳真專線◎02-27150507
電腦編號◎597002
ISBN◎978-626-7650-02-8
Printed in Taiwan
本書定價◎新臺幣360元/港幣120元

●皇冠讀樂網:www.crown.com.tw
●皇冠Facebook:www.facebook.com/crownbook
●皇冠Instagram:www.instagram.com/crownbook1954
●皇冠蝦皮商城:shopee.tw/crown_tw